AF452206

UNIVERSITÉ DE FRANCE

TRAVAUX & MÉMOIRES

DES

FACULTÉS DE LILLE

TOME I. — Mémoire N° 5.

P. DUHEM. — Sur la continuité entre l'état liquide et l'état gazeux et sur la théorie générale des vapeurs.

LILLE
AU SIÈGE DES FACULTÉS, PLACE PHILIPPE-LEBON

1891

UNIVERSITÉ DE FRANCE

TRAVAUX & MÉMOIRES

DES

FACULTÉS DE LILLE

TOME I. — Mémoire N° 5.

P. DUHEM. — Sur la continuité entre l'état liquide et l'état gazeux et sur la théorie générale des vapeurs.

LILLE

AU SIÈGE DES FACULTÉS, PLACE PHILIPPE-LEBON

1891

Le Conseil Général des Facultés de Lille a ordonné l'impression de ce mémoire, le 11 Mars 1891.

L'impression a été achevée, chez GAUTHIER-VILLARS & FILS, *le 30 Juin 1891.*

SUR LA CONTINUITÉ

ENTRE

L'ÉTAT LIQUIDE ET L'ÉTAT GAZEUX

ET SUR LA

THÉORIE GÉNÉRALE DES VAPEURS

PAR

M. P. DUHEM

Chargé d'un Cours complémentaire à la Faculté des Sciences de Lille.

TRAVAUX ET MÉMOIRES DES FACULTÉS DE LILLE

Mémoire N° 5.

LILLE

AU SIÈGE DES FACULTÉS, PLACE PHILIPPE-LEBON

1891

SUR LA CONTINUITÉ

ENTRE

L'ÉTAT LIQUIDE ET L'ÉTAT GAZEUX

ET SUR LA

THÉORIE GÉNÉRALE DES VAPEURS,

Par M. P. DUHEM,
Maître de Conférences à la Faculté des Sciences de Lille.

INTRODUCTION.

La découverte du point critique de l'acide carbonique, faite par Andrews en 1869, est devenue le point de départ d'une série d'idées qui ont transformé la théorie de la vaporisation. La notion, conçue par Tait, de la continuité entre l'état liquide et l'état gazeux ; la relation, énoncée par Clausius, entre la tension de vapeur saturée et les volumes spécifiques du liquide et de la vapeur, doivent être comptées au nombre des plus grands progrès que la science des phénomènes naturels ait faits depuis vingt ans.

Toutefois, dans l'étude de ces magnifiques travaux, l'esprit se sent partagé entre l'admiration et la crainte : admiration pour la puissance et l'originalité des grands physiciens qui ont enfanté ces surprenantes conceptions ; crainte qui le fait hésiter au moment d'admettre des résultats aussi inattendus appuyés sur des raisonnements à peine esquissés, parfois tout à fait absents.

Faire disparaître cette crainte, en donnant de la nouvelle théorie des vapeurs un exposé dont toutes les parties seraient solidement liées par des raisonnements précis, ne serait pas, nous semble-t-il, œuvre vaine. C'est ce but que nous nous sommes efforcé d'atteindre dans une partie des leçons sur la Théorie thermodynamique des changements d'état que nous avons professées à la Faculté des Sciences de Lille au cours de l'année scolaire 1888-1889. Nous nous décidons à publier aujourd'hui cette partie de notre enseignement. Nous serions heureux que nos recherches, en faisant disparaître les doutes que peut faire naître la théorie actuelle de la continuité de l'état liquide et de l'état gazeux, contribuassent à accroître l'admiration que mérite cette théorie.

Ce travail est divisé en trois Chapitres. Dans le premier, nous cherchons à exposer, avec la plus grande précision, les propositions les plus essentielles de la théorie des vapeurs saturées. Le second, qui est le plus considérable, est consacré à l'étude de la continuité entre l'état liquide et l'état gazeux et au théorème de Clausius. Le troisième, enfin, renferme la démonstration des lois relatives à la détente.

CHAPITRE I.

DE LA TENSION DE VAPEUR SATURÉE ET DE LA CHALEUR DE VAPORISATION.

§ I. — Potentiel thermodynamique d'un système formé par un liquide et sa vapeur.

Nous supposerons que, dans un exposé des principes fondamentaux de la Thermodynamique, on ait étudié les propriétés d'un corps homogène complètement défini par sa masse invariable m, son volume spécifique v, et sa température ϑ lue sur un thermomètre quelconque.

Imaginons maintenant un système formé de deux tels corps. Si chacun de ces deux corps avait une masse invariable, il n'y aurait qu'à appliquer à chacun d'eux ce qui a été dit dans l'étude de ces corps pris isolément, sans y rien ajouter de nouveau. Mais nous supposerons, dans ce qui va suivre, que la masse de chacun des deux corps soit variable, la masse totale des deux corps étant seule invariable. Si nous désignons par m_1, m_2 les masses des deux corps, m_1 pourra varier de δm_1 en même temps que m_2 variera de δm_2, pourvu que l'on ait la condition

$$\delta m_1 + \delta m_2 = 0.$$

Nous exprimerons ce fait en disant que nous avons affaire non pas à deux corps distincts, mais *à deux états d'un même corps*. Lorsque m_1, m_2 varieront, nous dirons que le système éprouve *un changement d'état*; celui des deux états dont la masse diminue est dit *se transformer en l'autre*.

Il résulte des principes généraux que nous supposons établis que, pour maintenir le premier état en équilibre sous un volume spécifique v_1 à la température $\mathfrak{I}$, il faut appliquer à toutes les parties déformables de sa surface une pression normale et uniforme p_1, fonction de v_1 et de $\mathfrak{I}$.

Pour maintenir le second état en équilibre sous un volume spécifique v_2 à la température $\mathfrak{I}$, il faut appliquer à toutes les parties déformables de sa surface une pression normale et uniforme p_2, fonction uniforme de v_2 et de $\mathfrak{I}$.

Sous une même pression p, à une même température $\mathfrak{I}$, il est un des deux états du corps dont le volume spécifique v_1 est supérieur au volume spécifique v_2 de l'autre état. Pour fixer les idées, nous donnerons au premier le nom d'*état de vapeur* et au second le nom d'*état liquide*. La raison de ces dénominations est la suivante : les propriétés du système que nous venons de définir donnent une représentation très approchée de plusieurs des phénomènes qui accompagnent la vaporisation de l'eau et des autres liquides, bien que certaines catégories de phénomènes qui accompagnent cette vaporisation demeurent, comme nous le verrons plus tard, en dehors de cette représentation.

Nous allons nous proposer une première question qui, une fois résolue, nous permettra de mettre en équation toutes les autres: c'est la détermination de la *forme du potentiel thermodynamique* du système que nous venons de définir. Quelques lecteurs trouveront peut-être que nous apportons à cette détermination, dans l'exposé suivant, un luxe de rigueur exagéré. Nous avouons volontiers que tel est aussi notre avis. Mais des critiques si vives ont été adressées par quelques physiciens aux exposés plus brefs que nous avions eu occasion de donner avant celui-ci que nous nous sommes vu forcé d'expliquer fort longuement des choses qui nous semblaient claires tout d'abord.

Nous commencerons par déterminer l'expression de l'*énergie interne* du système que nous venons de définir.

Soit $U_1(v_1, \Im)$ l'énergie interne de l'unité de masse de vapeur prise sous le volume v_1, à la température $\Im$. Cette quantité n'est déterminée qu'à une constante additive près. *Nous supposerons dorénavant que l'on ait choisi cette constante, de telle sorte que $U_1(v, \Im)$ soit une quantité déterminée sans ambiguïté.*

On peut démontrer, et nous supposons qu'on l'ait fait dans l'étude des principes fondamentaux de la Thermodynamique, qu'on peut prendre pour énergie interne d'un système formé seulement d'une masse m_1 de vapeur, sous le volume spécifique v_1, à la température $\Im$, la quantité $\mho_1(m_1, v_1, \Im)$ déterminée par l'égalité

$$\mho_1(m_1, v_1, \Im) = m_1 U_1(v_1, \Im).$$

Si l'on convient de la choisir ainsi, la quantité $\mho_1(m_1, v_1, \Im)$ est déterminée sans ambiguïté.

L'énergie interne $U_2(v_2, \Im)$ de l'unité de masse du liquide sous le volume spécifique v_2, à la température $\Im$, est alors déterminée sans ambiguïté. En effet, on peut imaginer que l'on ait pris une masse de vapeur égale à l'unité, sous le volume v_1, à la température $\Im'$, et que, par une série quelconque de transformations, on l'ait amenée à l'état liquide sous le volume v_2, à la température $\Im$. Durant la modification une quantité de chaleur Q a été dégagée ; un travail ϖ a été effectué par les forces extérieures, et l'on a, d'après la définition de l'énergie interne,

$$U_2(v_2, \Im) = U_1(v_1, \Im') - Q + \frac{1}{E}\varpi,$$

E étant l'équivalent mécanique de la chaleur. Cette équation détermine $U_2(v_2, \Im)$, sans ambiguïté.

Prenons maintenant une masse m_2 de vapeur. Son énergie interne est, par convention,

$$\mho_1(m_2, v_1, \Im') = m_2 U_1(v_1, \Im').$$

Divisons cette masse en m_2 masses égales à l'unité que nous éloignerons les unes des autres à l'infini. Cette transformation laisse invariable la masse du système, son volume spécifique et sa température, et, par conséquent, n'altère pas son énergie interne.

A chacune de ces masses, faisons subir la transformation que, dans le cas précédent, nous faisions subir à une seule unité de masse. Chacune d'elles dégagera une quantité de chaleur Q; les forces extérieures appliquées à chacune d'elles effectueront un travail τ. Le système entier dégagera donc une quantité de chaleur $m_2 Q$; les forces extérieures qui lui sont appliquées effectueront un travail $m_2 \tau$. L'énergie interne du système aura augmenté de

$$- m_2 Q + \frac{m_2}{E} \tau.$$

Ramenons ces m_2 masses liquides de manière à les réunir.

Dans cette dernière transformation, l'énergie interne du système ne variera pas. Or nous obtiendrons maintenant la valeur finale de cette énergie, $\mho_2(m_2, v_2, \mathfrak{S})$ que nous voulons calculer. Nous aurons donc

$$\mho_2(m_2, v_2, \mathfrak{S}) = m_2 \left[U_1(v_1, \mathfrak{S}') - Q + \frac{1}{E} \tau \right]$$

$$= m_2 U_2(v_2, \mathfrak{S}),$$

égalité qui détermine sans ambiguïté la fonction $\mho_2(m_2, v_2, \mathfrak{S})$. Dans ce qui va suivre, on devra entendre que l'ambiguïté qui peut peser sur la détermination des quatre fonctions $U_1(v_1, \mathfrak{S})$, $\mho_1(m_1, v_1, \mathfrak{S})$, $U_2(v_2, \mathfrak{S})$, $\mho_2(m_2, v_2, \mathfrak{S})$ a été levée comme nous venons de l'indiquer.

Cherchons maintenant à déterminer la forme de l'énergie interne d'un système composé d'une masse m_1 de vapeur et d'une masse m_2 de liquide.

Soit Υ cette énergie.

Cherchons, en premier lieu, quelle variation $\delta \Upsilon$ subit cette énergie par l'effet d'une modification dans laquelle m_1 et, par conséquent, m_2 demeurent invariables.

La situation relative des deux masses m_1, m_2 n'entre pas dans la définition du système : Υ ne saurait donc dépendre de cette situation. Dès lors, pour déterminer $\delta \Upsilon$, nous emploierons la modification suivante, qui fait passer le système du même état initial au même état final que celle que l'on a en vue d'étudier.

On écarte en premier lieu, à distance infinie, les deux masses m_1, m_2; dans cette modification, qui change seulement leur situation relative, Υ ne variera pas.

Les deux masses étant à distance infinie l'une de l'autre, si l'on fait varier en chacune d'elles le volume spécifique et la température comme on avait l'intention de le faire dans le système primitif, chacune des deux masses dégage évidemment la même quantité de chaleur que si elle était seule, pourvu que le travail des forces extérieures appliquées à chacune des deux masses soit le même que si cette masse était seule; la quantité Υ subit donc une variation

$$\delta\Upsilon = \delta\,\mho_1(m_1, v_1, \Im) + \delta\,\mho_2(m_2, v_2, \Im).$$

Enfin, on ramène les deux masses dans la position qu'elles doivent occuper; dans cette nouvelle modification, Υ ne varie pas. On a donc, pour expression de la variation totale de Υ,

$$\delta\Upsilon = \delta\,\mho_1(m_1, v_1, \Im) + \delta\,\mho_2(m_2, v_2, \Im).$$

Cette égalité entraîne la suivante :

$$(1)\qquad \Upsilon = \mho_1(m_1, v_1, \Im) + \mho_2(m_2, v_2, \Im) + u,$$

u demeurant invariable lorsque les deux masses m_1, m_2 demeurent elles-mêmes invariables.

Supposons maintenant que m_1 varie de δm_1 et m_2 de δm_2, ces deux variations étant assujetties à la condition

$$\delta m_1 + \delta m_2 = 0.$$

Pour trouver la variation subie par u, nous pouvons raisonner de la manière suivante :

Pour fixer les idées, supposons δm_1 négatif. Nous prenons une masse de vapeur

$$\mu_1 = -\delta m_1.$$

Nous la séparons du reste de la vapeur et l'emmenons à l'infini. Cette modification, ne faisant varier aucun des paramètres dont dépend la quantité u, laisse cette quantité invariable.

Nous transformons la masse μ_1 de vapeur en une masse égale de liquide. Dans ces conditions, Υ subit une variation qui est évidemment la somme de deux autres quantités :

1° La variation $\delta\Upsilon'$ de l'énergie interne du système demeuré à distance finie ;

2° La variation $\delta\Upsilon''$ de l'énergie interne de la masse emmenée à l'infini.

Mais le système demeuré à distance finie ne subit aucune variation ; on a donc évidemment

$$\delta\Upsilon'' = 0.$$

Pour la partie éloignée à l'infini, il résulte des définitions précédentes que l'on a

$$\begin{aligned}
\delta\Upsilon &= \mho_2(\mu_1, v, \mathfrak{I}) - \mho_1(\mu_1, v_1, \mathfrak{I}) \\
&= \mu_1[U_2(v_2, \mathfrak{I}) - U_1(v_1, \mathfrak{I})] \\
&= U_1(v_1, \mathfrak{I})\,\delta m_1 + U_2(v_2, \mathfrak{I})\,\delta m_2.
\end{aligned}$$

Enfin on ramène dans le système le liquide formé, ce qui ne fait pas varier Υ. On a donc

$$(2) \qquad \delta\Upsilon = U_1(v_1, \mathfrak{I})\,\delta m_1 + U_2(v_2, \mathfrak{I})\,\delta m_2.$$

D'autre part, si l'on remarque que

$$\begin{aligned}
\mho_1(m_1, v_1, \mathfrak{I}) &= m_1\,U_1(v_2, \mathfrak{I}), \\
\mho_2(m_2, v_2, \mathfrak{I}) &= m_2\,U_2(v_2, \mathfrak{I}),
\end{aligned}$$

l'égalité (1) donne

$$(3) \qquad \delta\Upsilon = U_1(v_1, \mathfrak{I})\,\delta m_1 + U_2(v_2, \mathfrak{I})\,\delta m_2 + \delta u.$$

On voit, en comparant les égalités (2) et (3), que l'on a

$$\delta u = 0.$$

La quantité u demeure donc aussi invariable lorsque les masses m_1 et m_2 varient ; elle se réduit à une simple constante que l'on peut supprimer. On a ainsi

$$\Upsilon = \mho_2(m_1, v_1, \mathfrak{I}) + \mho_2(m_2, v_2, \mathfrak{I}).$$

ou bien encore

$$(4) \qquad \Upsilon = m_1\, U_1(v_1, \vartheta) + m_2\, U_2(v_2, \vartheta),$$

formule qui répond à la question que nous nous étions proposé de résoudre.

La détermination de *l'entropie du système* se fait par une voie analogue.

Soit $S_1(v_1, \vartheta)$ l'entropie de l'unité de masse de vapeur, sous le volume spécifique v_1 à la température ϑ. Cette quantité n'est déterminée qu'à une constante près; nous supposerons cette constante choisie une fois pour toutes, de telle sorte que la quantité $S_1(v_1, \vartheta)$ soit déterminée sans ambiguïté.

On peut alors prendre pour entropie d'un système formé seulement d'une masse m_1 de vapeur sous le volume spécifique v_1, à la température ϑ, la quantité, déterminée sans ambiguïté,

$$S_1(m_1, v_1, \vartheta) = m_1\, S_1(v_1, \vartheta).$$

En raisonnant comme pour l'énergie interne, on voit aisément que l'entropie $S_2(v_2, \vartheta)$ de l'unité de masse du liquide sous le volume spécifique v_2, à la température ϑ, est définie sans ambiguïté; puis, qu'on doit prendre pour entropie d'un système formé uniquement d'une masse m_2 de liquide la quantité, déterminée sans ambiguïté,

$$S_2(m_2, v_2, \vartheta) = m_2\, S(v_2, \vartheta).$$

Ces résultats obtenus, en raisonnant comme pour l'énergie interne, on verra sans peine que l'entropie d'un système formé d'une masse m_1 de vapeur et d'une masse m_2 de liquide est donnée par la formule

$$(5) \qquad \Sigma = m_1\, S_1(v_1, \vartheta) + m_2\, S_2(v_2, \vartheta).$$

Posons

$$(6) \qquad \begin{cases} \Psi_1(v_1, \vartheta) = E[U_1(v_1, \vartheta) - F(\vartheta)\, S_1(v_1, \vartheta)], \\ \Psi_2(v_2, \vartheta) = E[U_1(v_2, \vartheta) - F(\vartheta)\, S_2(v_2, \vartheta)], \end{cases}$$

$F(\vartheta)$ étant la température absolue.

$\Psi_1(v_1, \vartheta)$, $\Psi_2(v_2, \vartheta)$ seront respectivement les potentiels thermodynamiques internes de l'unité de masse de vapeur et de l'unité de masse de liquide, potentiels qui se trouvent ainsi déterminés sans ambiguïté.

Le potentiel thermodynamique interne du système a pour valeur

$$. \mathscr{F} = \mathrm{E}[\Upsilon - \mathrm{F}(\mathfrak{S})\Sigma].$$

D'après les égalités (4), (5) et (6), on voit que l'on a

$$(7) \qquad \mathscr{F} = m_1\, \Psi(v_1, \mathfrak{S}) + m_2\, \Psi(v_2, \mathfrak{S}).$$

Imaginons que le système soit formé d'une masse m_1 de vapeur et d'une masse m_2 de liquide; ces deux masses sont en contact par une surface Σ; la première est limitée par l'ensemble de la surface Σ et d'une surface S_1; la seconde est limitée par l'ensemble de la surface Σ et d'une surface S_2; des pressions sont appliquées aux surfaces S_1, S_2; quelles conditions doivent remplir ces pressions pour que le système soit en équilibre, en supposant les deux masses m_1, m_2 assujetties à ne pas varier?

Donnons au système une modification virtuelle quelconque, qui n'altère ni sa température $\mathfrak{S}$, ni les masses m_1, m_2.

Le potentiel thermodynamique interne subit une variation

$$\delta\mathscr{F} = m_1 \frac{\partial\,\Psi_1(v_1, \mathfrak{S})}{\partial v_1}\,\delta v_1 - m_2 \frac{\partial\,\Psi(v_2, \mathfrak{S})}{\partial v}\,\delta v_2.$$

Soient

$$V_1 = m_1 v_1,$$
$$V_2 = m_2 v_2$$

les volumes qu'occupent respectivement les deux masses m_1, m_2 de la vapeur et du liquide. L'égalité précédente pourra s'écrire

$$\frac{\delta\,\Psi_1(v_1, \mathfrak{S})}{\partial v_1}\,\delta V_1 + \frac{\delta\,\Psi_2(v_2, \mathfrak{S})}{\partial v_2}\,\delta V_2.$$

Si nous désignons par p_1 la pression en un point de l'élément dS_1 de la surface S_1; par δx_1, δy_1, δz_1 les composantes du déplacement de ce point; par p_2 la pression en un point de l'élément dS_2; par δx_2, δy_2, δz_2 les composantes du déplacement de ce point; le travail des forces extérieures aura pour valeur

$$d\mathscr{E}_e = \int [p_1 \cos(p_1, x)\delta x_1 + p_1 \cos(p_1, y)\delta y_1 + p_1 \cos(p_1, z)\delta z_1]\, dS_1$$

$$+ \int [p_2 \cos(p_2, x)\delta x_2 + p_2 \cos(p_2, y)\delta y_2 + p_2 \cos(p_2, z)\delta z_2]\, dS_2.$$

Les conditions d'équilibre du système s'obtiennent donc en écrivant que, pour toute modification qui laisse invariable la température $\mathfrak{I}$ et les masses m_1, m_2, on a

$$\delta\mathcal{F} - d\mathfrak{T}_e = 0,$$

ou bien

$$(8)\quad \left\{\begin{aligned} &\frac{\partial \Psi_1(v_1, \mathfrak{I})}{\partial v_1}\delta V_1 + \frac{\partial \Psi(v_2, \mathfrak{I})}{\partial v_2}\delta V_2 \\ &\quad - \mathbf{S}\, p_1[\cos(p_1, x)\,\delta x_1 + \cos(p_1, y)\,\delta y_1 + \cos(p_1, z)\,\delta z_1]\,dS_1 \\ &\quad - \mathbf{S}\, p_2[\cos(p_2, x)\,\delta x_2 + \cos(p_2, y)\,\delta y_2 + \cos(p_2, z)\,\delta z_2]\,dS_2 = 0. \end{aligned}\right.$$

1° Supposons une modification où la surface Σ demeure invariable. Désignons par N_1 la normale à l'élément dS_1 vers l'extérieur de la masse m_1 et par N_2 la normale à l'élément dS_2 vers l'extérieur. Nous aurons

$$\delta V_1 = \mathbf{S}\,[\cos(N_1, x)\,\delta x_1 + \cos(N_1, y)\,\delta y_1 + \cos(N_1, z)\,\delta z_1]\,dS_1,$$

$$\delta V_2 = \mathbf{S}\,[\cos(N_2, x)\,\delta x_2 + \cos(N_2, y)\,\delta y_2 + \cos(N_2, z)\,\delta z_2]\,dS.$$

et l'égalité (8) deviendra

$$\begin{aligned} \mathbf{S}\Big\{ &\left[\frac{\partial \Psi_1(v_1, \mathfrak{I})}{\partial v_1}\cos(N_1, x) - p_1\cos(p_1, x)\right]\delta x_1 \\ &+ \left[\frac{\partial \Psi_1(v_1, \mathfrak{I})}{\partial v_1}\cos(N_1, y) - p_1\cos(p_1, y)\right]\delta y_1 \\ &+ \left[\frac{\partial \Psi_1(v_1, \mathfrak{I})}{\partial v_1}\cos(N_1, z) - p_1\cos(p_1, z)\right]\delta z_1 \Big\}\,dS_1 \\ + \mathbf{S}\Big\{ &\left[\frac{\partial \Psi_2(v_2, \mathfrak{I})}{\partial v_2}\cos(N_2, x) - p_2\cos(p_2, x)\right]\delta x_2 \\ &+ \left[\frac{\partial \Psi_2(v_2, \mathfrak{I})}{\partial v_2}\cos(N_2, y) - p_2\cos(p_2, y)\right]\delta y_2 \\ &+ \left[\frac{\partial \Psi_2(v_2, \mathfrak{I})}{\partial v_2}\cos(N_2, z) - p_2\cos(p_2, z)\right]\delta z_2 \Big\}\,dS_2 = 0. \end{aligned}$$

Cette égalité doit avoir lieu quels que soient δx_1, δy_1, δz_1. Il est aisé d'en conclure les propositions suivantes :

A la surface S_1 doit être appliquée une pression normale, uni-

forme, dirigée vers l'intérieur de la vapeur, et ayant pour valeur
en tout point

$$(9) \qquad p_1 = - \frac{\partial \Psi_1(v_1, \Im)}{\partial \Im}.$$

C'est précisément la pression qui maintiendrait la vapeur sous le
volume spécifique v_1 si la vapeur existait seule.

A la surface S_2 doit être appliquée une pression normale, uniforme, dirigée vers l'intérieur du liquide, et ayant pour valeur en
tout point

$$(10) \qquad p_2 = - \frac{\partial \Psi_2(v_2, \Im)}{\partial v_2}.$$

C'est précisément la pression qui maintiendrait le liquide sous le
volume spécifique v_2 si le liquide existait seul.

2° Considérons une modification où la surface Σ varie seule, les
surfaces S_1, S_2 demeurant invariables ; nous aurons alors

$$\delta V_1 + \delta V_2 = 0,$$

et l'égalité (8) deviendra

$$(11) \qquad \frac{\partial \Psi_1(v_1, \Im)}{\partial v_1} = \frac{\partial \Psi_2(v_2, \Im)}{\partial v_2}.$$

Cette égalité, comparée aux égalités (9) et (10) conduit à la
proposition suivante : *La pression p_1 appliquée à la vapeur et
la pression p_2 appliquée au liquide doivent avoir la même valeur p.*

La fonction $\Psi_1(v_1, \Im)$ est une *fonction uniforme* de v_1 et
de $\Im$. Si, dans l'expression

$$\Psi_1(v_1, \Im) + p v_1,$$

on remplace v_1 par son expression en fonction de p et de $\Im$ déduite de l'équation

$$(9\ bis) \qquad p = - \frac{\partial \Psi_1(v_1, \Im)}{\partial v_1},$$

qui représente la loi de compressibilité de la vapeur, on obtient
une fonction, *en général non uniforme* de p et de $\Im$, $\Psi'_1(p, \Im)$,
qui est le potentiel thermodynamique de l'unité de masse de vapeur sous la pression constante p, à la température $\Im$.

La fonction $\Psi_2(v_2, \vartheta)$ est de même une *fonction uniforme* de v_2 et de ϑ. Si, dans l'expression

$$\Psi_2(v_2, \vartheta) + p v_2,$$

on remplace v_2 par son expression en fonction de p et de ϑ déduite de l'égalité

$$(10 \; bis) \qquad p = -\frac{\partial \Psi_2(v_2, \vartheta)}{\partial v_2},$$

qui représente la loi de compressibilité du liquide, on obtient une fonction *en général non uniforme* de p et de ϑ, $\Psi'_2(p, \vartheta)$, qui est le potentiel thermodynamique de l'unité de masse du liquide sous la pression constante p, à la température ϑ.

Considérons le système d'une masse m_1 de vapeur et d'une masse m_2 de liquide. Supposons constante la pression normale et uniforme p à laquelle nous le supposons soumis. Les forces extérieures qui agissent sur lui admettent alors pour potentiel la quantité

$$p(V_1 + V_2) = p(m_1 v_1 + m_2 v_2).$$

Il en résulte que si, dans l'expression

$$\vec{\mathcal{F}} + p(m_1 v_1 + m_2 v_2),$$

on remplace v_1 et v_2 par leurs expressions en fonction de p et de ϑ déduites, équations ($9 \; bis$) et ($10 \; bis$), on obtiendra *le potentiel thermodynamique du système sous la pression constante p*. On voit que ce potentiel a pour valeur

$$(12) \qquad \vec{\mathcal{F}}' = m_1 \Psi'_1(p, \vartheta) + m_2 \Psi'_2(p, \vartheta).$$

Les formules (7) et (12) sont les formules fondamentales qui vont nous servir par la suite.

§ II. — Tension de vapeur saturée et chaleur de vaporisation.

Prenons un système formé d'une certaine masse m_1 de vapeur et d'une certaine masse m_2 de liquide, soumises toutes deux à la même pression p et portées toutes deux à la température ϑ.

Supposons que l'on maintienne constantes la pression p et la température ϑ, et demandons-nous s'il peut y avoir condensation de la vapeur ou vaporisation du liquide.

Pour simplifier les formules, nous supposerons, dans ce qui va suivre, que l'on prenne pour température la température absolue T. On aura alors

$$\Im = T$$

et aussi

$$F(\Im) = T.$$

Le potentiel thermodynamique du système, à la température absolue T et sous la pression constante p, a pour valeur, d'après l'égalité (12),

$$\mathcal{F}' = m_1 \Psi'_1(p, T) + m_2 \Psi'_2(p, T).$$

Supposons que m_1 augmente de δm_1 et m_2 de δm_2, avec la condition

$$\delta m_1 + \delta m_2 = 0;$$

$\mathcal{F}'$ subira une variation

$$\delta \mathcal{F}' = \Psi'_1(p, T)\, \delta m_1 + \Psi'_2(p, T)\, \delta m_2.$$

Trois cas sont à distinguer :

1° $\Psi'_1(p, T)$ est supérieur à $\Psi'_2(p, T)$. Dans ce cas, la seule transformation possible, celle pour laquelle $\delta \mathcal{F}'$ est négatif, est celle dans laquelle on a

$$\delta m_1 < 0, \qquad \delta m_2 > 0.$$

Dans les conditions indiquées, la vapeur n'est pas en équilibre : elle se condense; le liquide, au contraire, est en équilibre : il ne peut se vaporiser.

2° $\Psi'_1(p, T)$ est inférieur à $\Psi'_2(p, T)$. Dans ce cas, la seule transformation possible est celle dans laquelle on a

$$\delta m_2 < 0, \qquad \delta m_1 > 0.$$

Dans les conditions indiquées, le liquide n'est pas en équilibre : il se vaporise; la vapeur, au contraire, est en équilibre : elle ne peut se condenser.

3° On a

$$(13) \qquad\qquad \Psi'_1(p, T) = \Psi'_2(p, T).$$

Dans ce cas, quels que soient les signes de δm_1, δm_2, on a

$$\delta \mathscr{F} = 0.$$

La transformation du liquide en vapeur et la transformation inverse de la vapeur en liquide sont phénomènes réversibles.

Cette dernière condition (13) ne peut être réalisée, en général, que pour les points (p, T) d'une certaine ligne du plan des p, T. Supposons, en effet, qu'elle soit réalisée pour tous les points (p, T) d'un certain domaine de ce plan. En tout point de ce domaine, les deux fonctions $\Psi'_1(p, T)$, $\Psi'_2(p, T)$ seraient identiques, et, par conséquent, auraient les mêmes dérivées partielles de tous les ordres. Dès lors, comme nous l'enseigne l'étude des propriétés fondamentales du potentiel thermodynamique, les coefficients qui déterminent les propriétés physiques du liquide et de sa vapeur seraient identiques en tout point de cet espace. Pour les valeurs de p et de T qui correspondent aux divers points de ce domaine, le liquide et sa vapeur ne seraient plus distincts.

Donc, en général, dans les conditions où l'on peut distinguer le liquide de sa vapeur, s'il existe des points pour lesquels on a

$$\Psi'_1(p, T) = \Psi'_2(p, T),$$

dans un plan où les T sont les abscisses et les p les ordonnées, ces points forment seulement une ligne. Cette ligne porte le nom de *courbe des tensions de vapeur saturée*. L'ordonnée p de cette ligne, qui correspond à l'abscisse T, porte le nom de *tension de vapeur saturée à la température* T.

On peut donner de cette tension une autre définition.

Proposons-nous, en effet, de répondre à la question suivante :

Quelles forces extérieures faut-il appliquer, pour le maintenir en équilibre à un système formé d'une masse m_1 de vapeur, de volume spécifique v_1 et d'une masse m_2 de liquide, de volume spécifique v_2, la température générale du système étant T ?

Nous savons, en premier lieu, que l'on doit avoir

$$\frac{\partial \Psi_1(v_1, T)}{\partial v_1} = \frac{\partial \Psi_2(v_2, T)}{\partial v_2};$$

supposons que le système remplisse cette première condition.

Nous savons, en second lieu, qu'il faut appliquer à ce système, en tout point de la surface qui le limite, une pression normale et uniforme donnée par l'équation

$$p = - \frac{\partial \Psi_1(v_1, T)}{\partial v_1} = - \frac{\partial \Psi_2(v_2, T)}{\partial v_2}.$$

Nous savons enfin que, dans toute modification isothermique virtuelle imposée au système, la variation du potentiel thermodynamique interne doit être égale au travail des forces extérieures. Imaginons, en particulier, une modification qui ne fasse pas varier le volume V du système. Dans une semblable modification, la pression extérieure p ne produit aucun travail; on doit donc avoir

$$\delta \mathcal{F} = 0,$$

ou bien, en vertu de l'égalité (7),

$$(14) \quad \left\{ \begin{aligned} &\Psi_1(v_1, T)\, \delta m_1 + \Psi_2(v_2, T)\, \delta m_2 \\ &+ \frac{\partial \Psi_1(v_1, T)}{\partial v_1} m_1 \delta v_1 + \frac{\partial \Psi_2(v_2, T)}{\partial v_2} m_2 \delta v_2 = 0. \end{aligned} \right.$$

On a, d'ailleurs,

$$V = m_1 v_1 + m_2 v_2,$$

en sorte que la condition

$$\delta V = 0$$

devient

$$m_1 \delta v_1 + m_2 \delta v_2 + v_1 \delta m_1 + v_2 \delta m_2 = 0.$$

De plus, on sait que l'on a

$$\delta m_1 + \delta m_2 = 0,$$

$$p = - \frac{\partial \Psi_1(v_1, T)}{\partial v_1} = - \frac{\partial \Psi_2(v_2, T)}{\partial v_2}.$$

La condition (14) devient donc

$$[\Psi_1(v_1, T) + p v_1] - [\Psi_2(v_2, T) + p v_2] = 0,$$

ou bien

$$\Psi'_1(p, T) = \Psi'_2(p, T),$$

égalité dans laquelle on reconnaît l'équation (13) de la courbe des tensions de vapeur saturée.

Donc *la pression qu'il est nécessaire et suffisant d'appliquer uniformément à tout le système pour le maintenir en équilibre est la tension de vapeur saturée.*

Cette proposition peut être regardée comme une nouvelle définition de la tension de vapeur saturée.

Supposons que pour un certain corps, dans un certain intervalle de températures, la courbe des tensions de vapeur saturée *existe*; nous entendons par là que, pour les points (p, T) qui, dans cet intervalle de températures, se trouvent sur la courbe (13), et pour les points suffisamment voisins de cette courbe situés de part et d'autre, on peut observer à la fois le liquide et la vapeur.

Cette courbe partage en deux régions la partie du plan correspondant à l'intervalle de températures que l'on considère. Désignons ces deux régions par les indices 1 et 2.

Elles sont ainsi caractérisées :

Si, en un point de la région 1, il existe à la fois du liquide et de la vapeur, on a, en ce point,

$$\Psi_2''(p, T) - \Psi_1'(p, T) > 0.$$

Le liquide peut se vaporiser; la vapeur ne peut se condenser.

Si, en un point de la région 2, il existe à la fois du liquide et de la vapeur, on a, en ce point,

$$\Psi_2''(p, T) - \Psi_1'(p, T) < 0.$$

La vapeur peut se condenser; le liquide ne peut se vaporiser.

Comment sont disposées ces régions?

Pour connaître quel est, dans une région, le signe de

$$\Psi_2'(p, T) - \Psi_1'(p, T),$$

il suffit de connaître le signe que prend cette quantité dans la partie de la région considérée qui est infiniment voisine de la courbe des tensions de vapeur; or, dans cette partie, on est assuré, d'après ce qui précède, que le liquide et la vapeur sont observables.

Prenons donc un point (p, T) infiniment voisin de la courbe des tensions de vapeur. Soit (π, τ) un point de la courbe des tensions de vapeur infiniment voisin du point (p, T). Nous aurons

$$\Psi'_1(p, \mathrm{T}) = \Psi'_1(\varpi, \tau) + \frac{\partial \Psi'_1(\varpi, \tau)}{\partial \varpi}(p - \varpi) + \frac{\partial \Psi'_1(\varpi, \tau)}{\partial \tau}(\mathrm{T} - \tau),$$

$$\Psi'_2(p, \mathrm{T}) = \Psi'_2(\varpi, \tau) + \frac{\partial \Psi'_2(\varpi, \tau)}{\partial \varpi}(p - \varpi) + \frac{\partial \Psi'_2(\varpi, \tau)}{\partial \tau}(\mathrm{T} - \tau).$$

Mais le point (ϖ, τ) étant sur la courbe des tensions de vapeur saturée, on a

$$\Psi'_1(\varpi, \tau) = \Psi'_2(\varpi, \tau).$$

En outre, les propriétés générales du potentiel thermodynamique nous donnent

$$\frac{\partial \Psi'_1(\varpi, \tau)}{\partial \varpi} = v_1(\varpi, \tau), \qquad \frac{\partial \Psi'_2(\varpi, \tau)}{\partial \varpi} = v_2(\varpi, \tau),$$

$$\frac{\partial \Psi'_1(\varpi, \tau)}{\partial \tau} = - \mathrm{E} \mathrm{S}_1(\varpi, \tau), \qquad \frac{\partial \Psi'_2(\varpi, \tau)}{\partial \tau} = - \mathrm{E} \mathrm{S}_2(\varpi, \tau).$$

Prenons une masse de vapeur égale à l'unité. Sous la pression ϖ, à la température τ, transformons-la en liquide. Elle dégage une quantité de chaleur, fonction de τ seulement, que l'on nomme *chaleur de vaporisation du liquide à la température* τ, et que nous désignerons par $\mathrm{L}(\tau)$. La transformation en question étant accomplie dans des conditions de réversibilité, on a

$$\mathrm{L} = \tau[\mathrm{S}_2(\varpi, \tau) - \mathrm{S}_1(\varpi, \tau)].$$

L'ensemble des relations que nous venons d'écrire nous donne

$$(15) \quad \left\{ \begin{aligned} &\Psi'_2(p, \mathrm{T}) - \Psi'_1(p, \mathrm{T}) \\ &= [v_2(\varpi, \tau) - v_1(\varpi, \tau)](p - \varpi) + \frac{\mathrm{E}\mathrm{L}(\tau)}{\tau}(\mathrm{T} - \tau). \end{aligned} \right.$$

Supposons, en premier lieu, que les deux points figuratifs (p, T) et (ϖ, τ) se trouvent sur une même parallèle à l'axe des pressions pris comme axe des ordonnées ; nous avons alors

$$\mathrm{T} = \tau,$$

et l'égalité (15) se réduit à

$$\Psi'_2(p, \mathrm{T}) - \Psi'_1(p, \mathrm{T}) = [v_2(\varpi, \tau) - v_1(\varpi, \tau)](p - \varpi).$$

Nous avons supposé v_2 supérieur à v_1; donc

$$\Psi'_2(p, \mathrm{T}) - \Psi'_1(p, \mathrm{T})$$

a le signe de

$$p - \varpi.$$

Nous arrivons ainsi au théorème suivant :

Lorsque le point figuratif, en s'élevant sur une parallèle à l'axe des pressions, traverse la courbe des tensions de vapeur saturée, il passe de la région (1) dans la région (2).

En d'autres termes :

Au-dessous de la courbe des tensions de vapeur, le seul changement d'état possible est celui qui correspond à une augmentation de volume (la vaporisation); au-dessus de la même courbe, le seul changement d'état possible est celui qui correspond à une diminution de volume (la condensation de la vapeur).

Supposons maintenant que les deux points figuratifs (p, T) et (ϖ, τ) se trouvent sur une même parallèle à l'axe des températures pris comme axe des abscisses. On a alors

$$p = \varpi,$$

et l'égalité (11) se réduit à

$$\Psi'_2(p, \mathrm{T}) - \Psi'_1(p, \mathrm{T}) = -\frac{\mathrm{E}\mathrm{L}(\tau)}{\tau}(\mathrm{T} - \tau).$$

Si $\mathrm{L}(\tau)$ est négatif,

$$\Psi'_2(p, \mathrm{T}) - \Psi'_1(p, \mathrm{T})$$

a le signe de $(\mathrm{T} - \tau)$. Si, au contraire, $\mathrm{L}(\tau)$ est positif,

$$\Psi'_2(p, \mathrm{T}) - \Psi'_1(p, \mathrm{T})$$

a le signe de $(\tau - \mathrm{T})$. On arrive ainsi au théorème suivant :

A gauche de la courbe des tensions de vapeur, le seul phénomène observable est celui qui dégage de la chaleur. A droite de la courbe des tensions de vapeur, le seul phénomène observable est celui qui absorbe de la chaleur.

Cette dernière proposition a été démontrée par M. J. Moutier (¹); la première a été ultérieurement démontrée, en imitant le raisonnement de M. J. Moutier, par M. G. Robin (²).

Deux cas peuvent se présenter, suivant que la transformation qui correspond à un accroissement de volume correspond en même temps à une absorption ou à un dégagement de chaleur.

Si la transformation qui correspond à un accroissement de volume correspond en même temps à une absorption de chaleur, l'accord des deux théorèmes de M. Moutier et de M. Robin exige que la courbe des tensions de vapeur saturée monte de gauche à droite (*fig.* 1).

Au contraire, si la transformation qui correspond à un accroissement de volume, correspond à un dégagement de chaleur, l'ac-

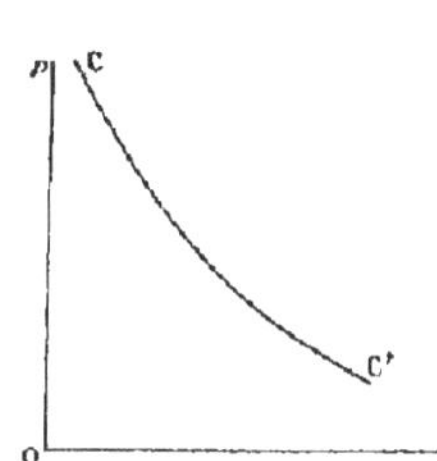

cord des deux théorèmes de M. Moutier et de M. Robin exige que la courbe des tensions de vapeur descende de gauche à droite (*fig.* 2).

Dans tous les phénomènes de vaporisation que nous présente l'expérience, la chaleur de vaporisation est positive et, par conséquent, la disposition qui est réalisée est la disposition représentée par la *fig.* 1.

On ne connaît pas, en général, l'expression analytique des deux fonctions

$$\Psi'_1(p, T), \qquad \Psi'_2(p, T);$$

on ne sait donc pas écrire sous forme explicite l'équation (13) de

---

(¹) J. MOUTIER, *Bulletin de la Société philomathique*, 6ᵉ série, t. XIII, p. 5; 1876.

(²) G. ROBIN, *Bulletin de la Société philomathique*, 7ᵉ série, t. I, p. 24; 1877.

la courbe des tensions de vapeur. On ne peut obtenir, sur la forme de cette courbe, que les renseignements généraux que nous venons d'indiquer.

§ III. — Équation de Clapeyron et de Clausius.

Nous avons vu que, si (ϖ, τ) est un point de la courbe des tensions de vapeur saturée, définie par l'équation

$$(13) \qquad \Psi'_1(\varpi, \tau) = \Psi'_2(\varpi, \tau),$$

et que si (p, T) désigne un point du plan infiniment voisin du point (ϖ, τ), on a l'équation

$$(15) \qquad \left\{ \begin{array}{l} \Psi'_2(p, T) - \Psi'_1(p, T) \\ \quad - [\rho_2(\varpi, \tau) - \rho_1(\varpi, \tau)](p - \varpi) + \dfrac{EL(\tau)}{\tau}(T - \tau). \end{array} \right.$$

Supposons que le point (p, T) soit aussi sur la courbe des tensions de vapeur saturée. On a alors, en vertu de l'équation (13),

$$\Psi'_2(p, T) - \Psi'_1(p, T) = 0.$$

En outre, la tension de vapeur saturée ϖ étant fonction de la température seule, on a

$$p - \varpi = \frac{d\varpi}{d\tau}(T - \tau).$$

L'égalité (15) devient donc

$$0 - (T - \tau)\left\{ [\rho_2(\varpi, \tau) - \rho_1(\varpi, \tau)]\frac{d\varpi}{d\tau} + \frac{EL(\tau)}{\tau} \right\},$$

ou bien

$$(16) \qquad L(\tau) = \frac{\tau}{E}[\rho_1(\varpi, \tau) - \rho_2(\varpi, \tau)]\frac{d\varpi}{d\tau}.$$

Cette relation est due à Clapeyron, qui l'avait déduite des idées de Carnot; seulement Clapeyron remplaçait le facteur $\frac{\tau}{E}$ qui figure dans cette équation par une fonction inconnue de la température, fonction égale à l'inverse de ce qu'on nommait alors la *fonction de Carnot*. C'est Clausius qui, en 1850, dans son premier Mémoire sur la Thermodynamique, a donné l'équation (16) sous sa forme définitive.

Clausius, et plusieurs physiciens après lui, ont fait de l'équation (16) de nombreuses applications auxquelles nous ne voulons pas nous arrêter ici.

§ IV. — Remarque sur la nécessité des transformations.

Nous avons dit que les mots de *liquide* et de *vapeur* avaient été employés pour désigner les deux états du corps que nous étudions, parce que le système que nous venons de considérer présentait des propriétés analogues, pour la plupart, aux phénomènes qui accompagnent la vaporisation des liquides. Toutefois, certaines différences peuvent se présenter entre les propriétés dont jouit notre système et les particularités qui accompagnent le passage de l'état liquide à l'état de vapeur et le passage inverse.

Ainsi, lorsque notre système est soumis à une pression différente de la tension de vapeur saturée à la température que l'on considère, il n'est pas en équilibre; si la pression est supérieure à la tension de vapeur saturée, il y a forcément condensation de la vapeur; si la pression est inférieure à la tension de vapeur saturée, il y a forcément vaporisation du liquide.

Il n'en est pas de même dans les systèmes réels que nous présente la nature. M. Dufour a observé des liquides en équilibre sous une pression bien inférieure à leur tension de vapeur saturée correspondant à la température de l'expérience. Dans des expériences plus récentes, Robert von Helmholtz a pu comprimer sans la liquéfier de la vapeur parfaitement pure et sèche jusqu'à une pression supérieure à celle de la vapeur saturée.

Les systèmes que nous venons de définir ne nous représentent donc qu'une partie des phénomènes qui caractérisent la vaporisation des liquides réels. Pour représenter plus complètement ces phénomènes, il est nécessaire de modifier la définition du système destiné à leur servir d'image.

Il est aisé de voir dans quel sens doit être faite cette modification.

La représentation adoptée ici suppose chaque élément, soit du liquide, soit de la vapeur, défini exclusivement par sa température et son volume spécifique. En réalité, on conçoit que la définition d'un élément ne doit être complète que lorsque l'on tient compte non seulement de sa densité et de sa température, mais encore de la situation qu'il occupe par rapport aux éléments de volume qui l'environnent, de la nature, de la densité, de la température de ceux-ci.

Tenir compte de toutes ces particularités, c'est l'objet de la théorie de la capillarité; la théorie de la capillarité fournit une théorie de la vaporisation (¹) plus complète que celle que nous venons d'exposer et exempte des contradictions que celle-ci rencontre dans les faits d'expérience.

Malgré ces contradictions, la théorie que nous développons ici n'est pas inutile à la connaissance des phénomènes de la vaporisation; en effet, la théorie plus complète de la vaporisation que fournit la capillarité conduit à la proposition générale suivante :

Tous les phénomènes que la théorie de la vaporisation exposée ici indique comme impossibles demeurent impossibles dans la théorie complète; seulement, ceux qu'elle indique comme nécessaires peuvent ne pas se produire.

L'exactitude de cette proposition suppose le liquide et la vapeur pris en masses notables.

Cette proposition, qui avait été énoncée par M. J. Moutier, mais attribuée par lui à certaines particularités du principe de Carnot, particularités apparentes dues à une démonstration insuffisante; cette proposition, dis-je, permet de faire usage de la théorie simplifiée que nous exposons; toutes les fois que cette théorie nous affirmera l'équilibre d'un système formé de masses notables de liquide et de vapeur, nous serons assurés que cet équilibre existe; mais, lorsque cette théorie nous indique une transformation comme devant nécessairement se produire, nous nous souviendrons que cette transformation est seulement possible. Cette transformation se produira ou ne se produira pas, selon que certaines conditions accessoire seront présentes ou non. C'est ainsi, par exemple, qu'une transformation de liquide en vapeur, indiquée comme nécessaire par la théorie que nous développons, ne se produira que si le liquide renferme des bulles ga-

---

(¹) Voir *Applications de la Thermodynamique aux phénomènes capillaires* (*Annales de l'École Normale supérieure*, 3ᵉ série, t. III; 1886).

zeuses. Ces conditions accessoires peuvent être déterminées par la théorie complète fondée sur la capillarité, ou par l'expérience.

CHAPITRE II.

CONTINUITÉ DE L'ÉTAT LIQUIDE ET DE L'ÉTAT GAZEUX.

§ I. — Notion du point critique. — Premier principe de la continuité de l'état liquide et de l'état gazeux ou principe d'Andrews.

Dans ce Chapitre, nous allons étudier un corps sur lequel nous supposerons que l'on ait constaté expérimentalement l'exactitude des propositions suivantes :

1° Pour toute température absolue T, supérieure à une certaine température θ_0 au-dessous de laquelle les expériences seront censées ne jamais descendre, et inférieure à une certaine limite θ, la courbe des tensions de vapeur saturée existe; c'est-à-dire que, en tout point (p, T) infiniment voisin de la courbe, on peut observer le corps sous les deux états, liquide et vapeur.

Nous désignerons par $\varpi(T)$ la tension de vapeur saturée à la température T.

2° Au-dessus de la courbe des tensions de vapeur saturée, sous toute pression et à toute température comprise entre θ_0 et θ, on peut observer le corps à l'état liquide.

3° Au-dessous de la courbe des tensions de vapeur saturée, sous toute pression et à toute température comprise entre θ_0 et θ, on peut observer le corps à l'état de vapeur.

4° A toute température comprise entre θ_0 et θ, depuis la pression $\varpi(T)$ jusqu'à une pression $P(T)$, inférieure à $\varpi(T)$, le liquide, quoique n'étant pas en équilibre d'après la théorie précédente, peut être observé en équilibre. C'est ce qui arrive, par exemple, dans les expériences de M. Dufour.

5° A toute température comprise entre θ_0 et θ, depuis la pression $\varpi(T)$, jusqu'à une pression $\Pi(T)$, supérieure à $\varpi(T)$, la vapeur, quoique n'étant pas en équilibre d'après la théorie précédente, peut être observée en équilibre. C'est ce qui arrive, par exemple, dans les expériences de Robert von Helmholtz.

Traçons, dans le plan des (p, T), les trois courbes $\varpi\varpi'$, PP', $\Pi\Pi'$ (*fig.* 3) déterminées respectivement par les équations

$$p = \varpi(T),$$
$$p = P(T),$$
$$p = \Pi(T).$$

Dans la région comprise entre l'ordonnée $\theta_0\theta_0'$, qui correspond

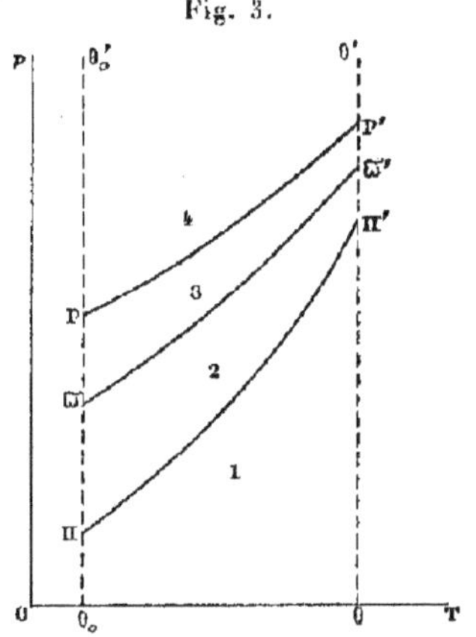

Fig. 3.

à la température θ_0, et l'ordonnée $00'$, qui correspond à la température θ, nous trouvons quatre régions secondaires.

Dans la région 1, située au-dessous de $\Pi\Pi'$, on peut observer seulement de la vapeur qui est à l'état stable.

Dans la région 2, située entre $\Pi\Pi'$ et $\varpi\varpi'$, on peut observer soit de la vapeur à l'état stable, soit du liquide à l'état instable.

Dans la région 3, située entre $\varpi\varpi'$ et PP', on peut observer soit du liquide à l'état stable, soit de la vapeur à l'état instable.

Dans la région 4, située au-dessus de PP', on ne peut observer que du liquide, qui est à l'état stable.

Les faits précédents étant supposés acquis par l'observation, nous ferons les *hypothèses* suivantes :

1° Dans toute région où la vapeur peut être observée, $\Psi_1(v_1, T)$

est une *fonction analytique* de v_1 et de T; $\Psi'_1(p, T)$ est une *fonction analytique* de p et de T.

2° Dans toute région où le liquide peut être observé, $\Psi_2(v_2, T)$ est une *fonction analytique* de v_2 et de T; $\Psi'_2(p, T)$ est une *fonction analytique* de p et de T.

Ces hypothèses sont toujours permises. Prenons, par exemple, $\Psi_1(v_1, T)$; cette fonction étant finie, continue et uniforme dans tout le champ des valeurs de v_1 et de T sur lequel portent les observations, peut toujours, dans ce champ, être représentée avec l'approximation que l'on veut, par une fonction analytique de v_1 et de T.

La fonction $\Psi'_1(p, T)$ existe, d'après ce qui précède, dans la partie du plan située au-dessous de $\varpi\varpi'$, entre les deux ordonnées $0_0 0'_0$ et $00'$; mais, de plus, elle se prolonge certainement dans la région 3; elle peut d'ailleurs se prolonger au delà de PP'. Si l'on se souvient qu'une fonction analytique ne peut être prolongée analytiquement, au delà d'une ligne, par plusieurs fonctions analytiques distinctes, on arrive à la conclusion suivante :

La fonction $\Psi'_1(p, T)$ existe dans tout l'espace situé au-dessous de $\varpi\varpi'$, entre les droites $0_0 0'_0$ et $00'$; de plus, elle se pro-

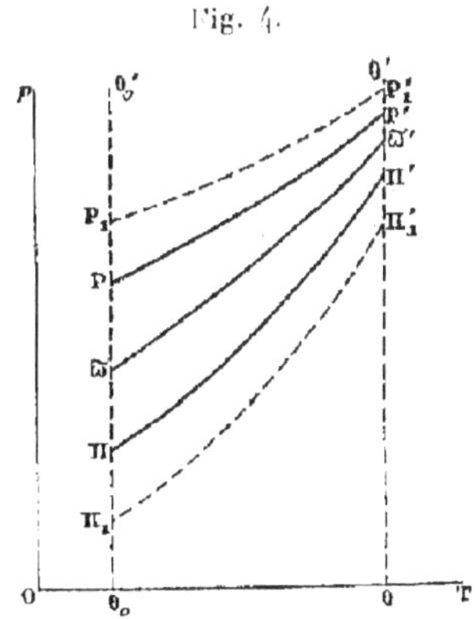

Fig. 4.

longe analytiquement au-dessus de $\varpi\varpi'$, d'une et d'une seule manière, jusqu'à une ligne $P_1 P'_1$ (fig. 4) coïncidant avec PP', ou située au-dessous de PP'.

De même, *la fonction* $\Psi'_2(p, T)$ *existe dans tout l'espace situé au-dessus de* $\varpi\varpi'$, *entre les droites* $\theta_0\theta'_0$ *et* $\theta\theta'$; *de plus, elle se prolonge analytiquement au-dessous de la courbe* $\varpi\varpi'$, *d'une et d'une seule manière, jusqu'à une courbe* $\Pi_1\Pi'_1$, *qui coïncide avec* $\Pi\Pi'$ *ou est située au-dessous de* $\Pi\Pi'$.

Lorsqu'on élève de plus en plus la température θ, il peut arriver que les propriétés précédemment admises comme faits d'expérience cessent d'être offertes par le corps à partir d'une certaine valeur Θ de θ. Voici, d'après les observations faites, pour la première fois, par Th. Andrews [1], de quelle propriété jouit alors cette température Θ, limite supérieure des températures θ.

Supposons (*fig.* 5) la courbe $\varpi\varpi'$ des tensions de vapeur tracée jusqu'à la température Θ, ce qui est permis, puisque, d'après nos

Fig. 5.

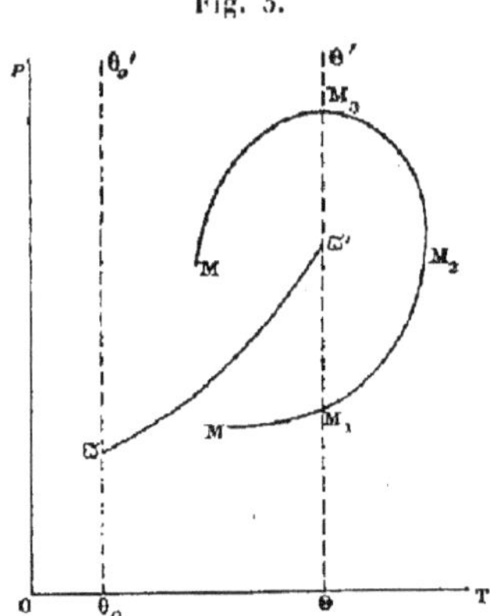

hypothèses, elle existe pour toute température inférieure à Θ. Prenons, à gauche de l'ordonnée $\Theta\Theta'$, correspondant à

$$T = \Theta,$$

un point $M(p, T)$, situé au-dessous de la ligne $\varpi\varpi'$; prenons, en ce point, le corps à l'état stable de vapeur.

Élevons la température du corps de T à Θ, en maintenant la

---

[1] Th. Andrews, *Philosophical Transactions*, p. 575; 1869.

pression qu'il supporte constamment inférieure à la tension de vapeur saturée. Le point figuratif décrit un chemin MM_1. Le long de ce chemin, la vapeur ne peut se liquéfier; elle reste à l'état de vapeur; on n'observe dans les propriétés du corps aucun changement brusque.

Le chemin décrit par le point figuratif traverse en M_1 la ligne $\Theta\Theta'$; à ce passage, on n'observe encore aucun changement brusque dans les propriétés du fluide.

Continuons à faire décrire au point figuratif, à droite de $\Theta\Theta'$, un chemin quelconque $M_1 M_2$; à aucun moment nous n'observons de discontinuité dans aucune des propriétés du fluide.

Amenons ainsi le point figuratif en M_3, sur la ligne $\Theta\Theta'$, au-dessus de la ligne $\varpi\varpi'$; faisons-lui franchir la ligne $\Theta\Theta'$. Les propriétés du fluide persistent à varier d'une manière continue.

Enfin amenons le point figuratif en M', à gauche de $\Theta\Theta'$ et au-dessus de $\varpi\varpi'$; la continuité dans la variation des propriétés du corps n'est pas interrompue.

Or, bien que nous soyons partis de l'état de vapeur, que nous n'ayons à aucun moment observé de changement brusque dans les propriétés du corps, le corps est maintenant à l'état liquide.

Si l'on observe que tous les coefficients qui déterminent les propriétés mécaniques et calorifiques d'un corps s'expriment au moyen des dérivées partielles de son potentiel thermodynamique sous pression constante, on reconnaîtra sans peine que l'observation précédente est comprise, à titre de conséquence, dans la proposition suivante :

La fonction analytique $\Psi_1(p, T)$, qui représente, dans l'espace $\varpi\varpi'\Theta$, le potentiel thermodynamique sous pression constante du corps pris à l'état stable de vapeur, se prolonge au delà de $\Theta\varpi'$, d'une et d'une seule manière, en une autre fonction analytique $\Psi_3(p, T)$, qui représente le potentiel thermodynamique sous la pression constante p du corps porté à une température T, supérieure à Θ. Cette fonction analytique $\Psi_3(p, T)$ se prolonge analytiquement d'une et d'une seule manière, dans l'espace $\Theta'\varpi'\varpi$. La fonction analytique qui la prolonge dans ce dernier espace n'est autre que le potentiel thermodynamique $\Psi_2(p, T)$ sous la pression constante p du corps pris à l'état de liquide stable.

La température Θ porte le nom de *température critique* ou de *point critique;* aux températures supérieures à la température critique, le corps est dit à *l'état gazeux.*

Moyennant ces définitions, ce que nous venons de dire peut s'énoncer ainsi :

Le potentiel thermodynamique sous pression constante $\Psi_1(p, T)$ *de la vapeur prise dans un état stable et le potentiel thermodynamique sous pression constante* $\Psi_2(p, T)$ *du liquide pris dans un état stable, se prolongent au delà de la température critique en une même fonction analytique* $\Psi_3(p, T)$, *qui est le potentiel thermodynamique sous pression constante du corps pris à l'état de gaz.*

Cette proposition, dont le point de départ est dans l'expérience, mais qui affirme plus que l'expérience ne peut donner, est ce que nous nommerons *premier principe de continuité de l'état liquide et de l'état gazeux,* ou *principes d'Andrews.*

Andrews avait étudié l'acide carbonique; il avait trouvé, pour valeur de la température critique (centigrade),

$$\Im = \Theta - 273 = 31 \text{ environ.}$$

Depuis, on a pu étudier de la même manière d'autres corps, et les principaux résultats trouvés sont les suivants :

Acide carbonique.....	$\Theta - 273 = 31$	(Andrews)
Protoxyde d'azote....	$\Theta - 273 = 36,4$	(Roth)
Éthylène	$\Theta - 273 = 9,2$	(Van der Waals)
Acide sulfureux......	$\Theta - 273 = 156$	(Cailletet et Mathias)

Le principe d'Andrews conduit immédiatement à cette remarque qu'on ne peut songer à liquéfier par la pression un gaz pris à une température supérieure au point critique; de là, on arrive aisément à penser que si l'on n'avait pu, avant les travaux d'Andrews, liquéfier l'air, le formène, l'hydrogène, l'azote, l'oxygène et l'oxyde de carbone, c'est qu'on avait étudié ces gaz à des températures supérieures à leur point critique; c'est ainsi que M. Cailletet fut conduit à imaginer les méthodes de refroidissement qui lui ont permis de liquéfier ces gaz. Ce n'est pas ici le lieu d'étudier ces méthodes en détail.

Aux températures infiniment voisines du point critique, peut-on observer du liquide sous des pressions inférieures à la tension de vapeur saturée? Peut-on observer de la vapeur sous des tensions supérieures à la tension de vapeur saturée? Ce qui précède ne nous

Fig. 6.

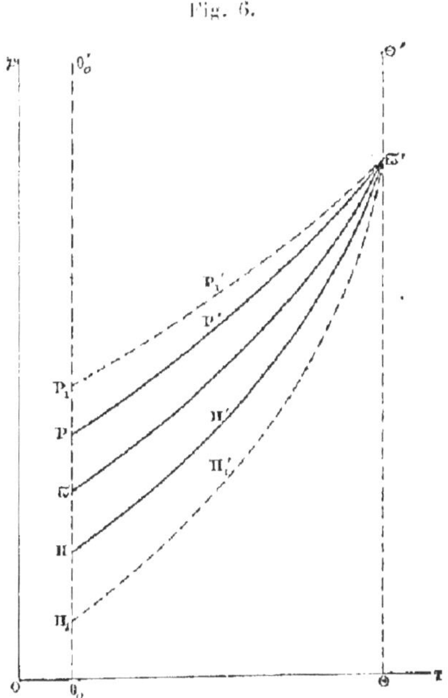

apprend rien à cet égard. Pour ne faire aucune hypothèse à ce sujet, nous supposerons que la ligne HH', au-dessus de laquelle on est *certain* de pouvoir observer du liquide, et la ligne PP', au-dessous de laquelle on peut *certainement* observer de la vapeur, viennent rejoindre la courbe des tensions de vapeur saturée $\varpi\varpi'$ à la température du point critique (*fig.* 6); nous admettrons qu'il en est de même des courbes $P_1 P'_1$, $H_1 H'_1$. Si les régions que limitent ces courbes sont, en réalité, plus étendues que nous ne le supposons ici, le développement même de la théorie nous l'apprendra; mais nous ne voulons pas le supposer pour le moment.

Nous voyons maintenant que le potentiel thermodynamique d'un corps qui peut se présenter à l'état de liquide et à l'état de vapeur est représenté par une fonction $\Psi''(p, T)$, qui jouit des propriétés suivantes :

A droite de la ligne $\Theta\Theta'$ (*fig.* 7), cette fonction est une fonction

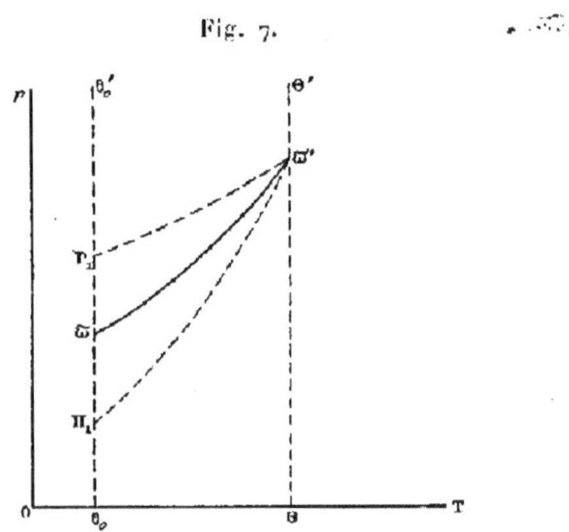

Fig. 7.

analytique *uniforme* $\Psi''_3(p, T)$, qui se rapporte au corps pris à l'état de gaz.

Dans l'espace $\theta_0\varpi\varpi'\Theta$, elle se prolonge par une autre fonction analytique $\Psi''_1(p, T)$, qui se rapporte au corps pris à l'état de vapeur stable.

Dans l'espace $\theta'_0\varpi\varpi'\Theta$, elle se prolonge par une autre fonction analytique $\Psi''_2(p, T)$, qui se rapporte au corps pris à l'état de liquide stable.

Sur la ligne $\varpi\varpi'$, les deux fonctions $\Psi''_1(p, T)$, $\Psi''_2(p, T)$ prennent la même valeur, mais leurs dérivées partielles ne prennent pas la même valeur; ces deux fonctions ne se continuent pas analytiquement l'une l'autre le long de la ligne $\varpi\varpi'$.

Dans l'espace $\varpi\Pi_1\varpi'$, la fonction $\Psi''_2(p, T)$ se continue par une autre fonction analytique $\psi'_2(p, T)$, qui est relative au corps pris à l'état de liquide instable.

Dans l'espace $\varpi P_1\varpi'$, la fonction $\Psi''_1(p, T)$ se continue par une autre fonction analytique $\psi'_1(p, T)$, qui est relative au corps pris à l'état de vapeur instable.

Dans l'espace $\varpi\Pi_1\varpi'$, les deux fonctions $\Psi''_1(p, T)$, $\psi'_2(p, T)$

vérifient, en chaque point (p, T), l'inégalité

$$\Psi''_1(p, T) < \psi'_2(p, T).$$

Dans l'espace $\varpi P_1 \varpi'$, les deux fonctions $\Psi'_2(p, T)$, $\psi'_1(p, T)$ vérifient, en chaque point (p, T), l'inégalité

$$\Psi'_2(p, T) < \psi'_1(p, T).$$

Nous avons insisté sur ce fait que le potentiel thermodynamique *sous pression constante* d'un corps pouvait n'être pas une fonction uniforme des deux variables p, T, tandis que le potentiel thermodynamique *interne* était toujours une fonction uniforme de v et de T. Nous avons ici un exemple de la première assertion. La fonction $\Psi(p, T)$, qui représente en toute circonstance le potentiel thermodynamique sous pression constante du corps est uniforme à droite de $\Theta\Theta'$; mais, à gauche de $\Theta\Theta'$, elle n'est uniforme ni dans l'espace $\varpi \Pi_1 \varpi'$, où elle admet les deux déterminations $\Psi'_1(p, T)$, $\psi'_2(p, T)$, ni dans l'espace $P_1 \varpi\omega'$, où elle admet les deux déterminations $\Psi'_2(p, T)$, $\psi'_1(p, T)$. Nous verrons plus loin que le potentiel thermodynamique sous volume constant est, lui, toujours uniforme.

§ II. — Représentation géométrique du principe d'Andrews.

Proposons-nous, pour donner une image géométrique du principe d'Andrews, de construire la surface

$$y = \Psi''(p, T),$$

en prenant pour abscisses les températures (*fig.* 8) et pour ordon-

Fig. 8.

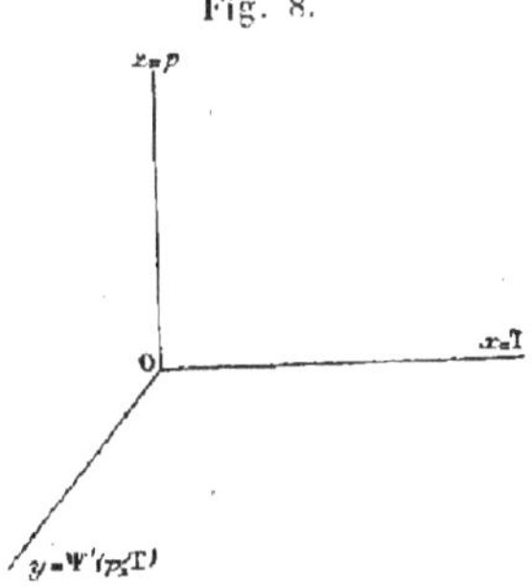

nées les pressions. L'*éloignement* y de cette surface représentera, pour chaque température et pour chaque pression, le potentiel thermodynamique sous pression constante d'un corps susceptible de se présenter à l'état liquide ou à l'état de gaz.

Aux températures supérieures au point critique Θ, γ est une fonction uniforme de p et de T; la surface se compose d'une seule nappe.

Si nous remarquons que, d'après les propriétés fondamentales du potentiel thermodynamique,

$$\frac{\partial \gamma}{\partial p} = v(p, \mathrm{T}),$$

$v(p, \mathrm{T})$ étant le volume spécifique du gaz, nous aurons, comme in-

Fig. 9.

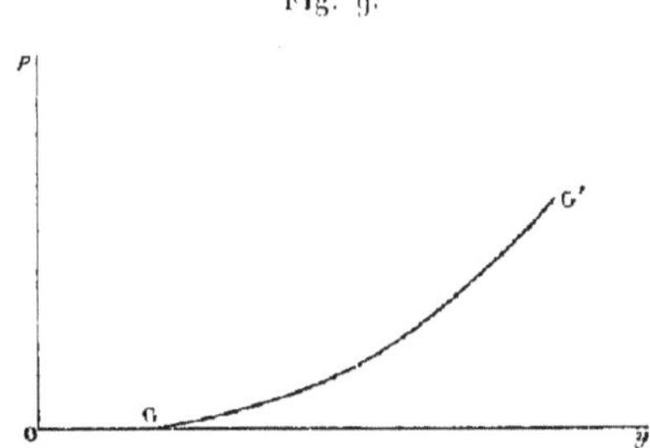

tersection de la surface par un plan parallèle à $p\,\mathrm{O}\gamma$ une courbe GG' (*fig.* 9) montant de gauche à droite.

Pour $p = 0$, $v(p, \mathrm{T})$ est infini; la courbe sera donc tangente au plan $\mathrm{TO}\gamma$.

Comme on a, de plus,

$$\frac{\partial^2 \gamma}{\partial p^2} = \frac{\partial v(p, \mathrm{T})}{\partial p},$$

et que le second membre de cette égalité est toujours négatif pour tous les gaz connus, on voit que la courbe tourne sa concavité vers $\mathrm{O}p$.

Pour une même valeur de p, $v(p, \mathrm{T})$ est d'autant plus grand que T est plus élevé. Donc, plus la section représentée par la *fig.* 9 correspond à une température élevée, plus elle s'abaisse vers le plan $\gamma\,\mathrm{OT}$.

Aux températures inférieures au point critique Θ, y est une fonction non uniforme de p et de T; elle présente, au moins dans certaines régions, deux valeurs : l'une qui correspond au liquide et l'autre à la vapeur. La surface présente donc deux nappes.

La section de la surface par un plan parallèle à pOy se compose (*fig.* 10) de deux courbes analogues à la précédente.

Chacune d'elles s'élève plus rapidement que la précédente, le

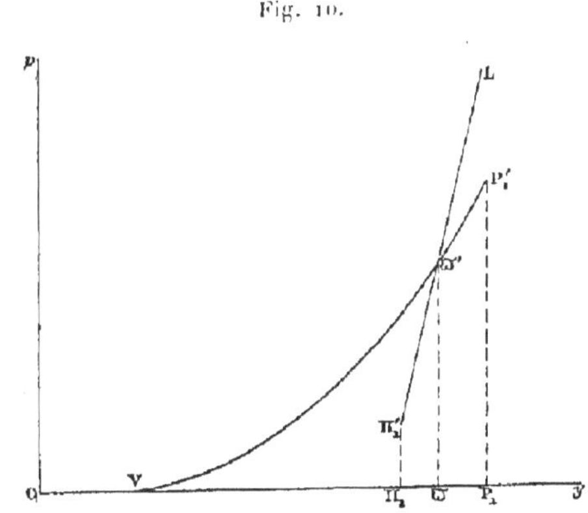

Fig. 10.

liquide et la vapeur ayant des volumes spécifiques inférieurs à celui du gaz.

Le volume spécifique du liquide étant toujours inférieur au volume spécifique de la vapeur, la courbe $\Pi'_1 L$ relative au liquide a toujours une inclinaison plus rapide que la courbe VP'_1 relative à la vapeur. Aux basses températures, le volume spécifique du liquide étant très petit et le liquide étant très peu compressible, la courbe $\Pi'_1 L$ est très voisine d'une droite verticale.

Lorsque la pression p devient égale à la tension de vapeur saturée, les deux valeurs de y deviennent égales entre elles; les deux courbes se coupent donc en un point ϖ', tel que son ordonnée $\varpi\varpi'$ représente la tension de vapeur saturée à la température à laquelle correspond la section étudiée.

On voit sur la figure que, au-dessus du point ϖ', on a forcément

$$y_L < y_V,$$

y_L étant la valeur de y relative au liquide et y_V la valeur de y relative à la vapeur. Le liquide est donc stable et la vapeur instable, comme nous le savions déjà. L'inverse a lieu au-dessous du point ϖ'.

La courbe $\varpi'L$, relative au liquide, se prolonge indéfiniment au-dessus du point ϖ'; mais, au-dessous de ce point, elle est limitée en un point Π'_1, dont l'ordonnée $\Pi_1\Pi'_1$ représente la pression désignée, dans ce qui précède, par $\Pi_1(T)$.

La courbe $\varpi'V$, relative à la vapeur, se prolonge au-dessous du point ϖ' jusqu'à la ligne Oy, à laquelle elle est tangente, le volume spécifique de la vapeur devenant infini sous une pression nulle. Mais, au-dessus du point ϖ' elle est limitée en un point P'_1, dont l'ordonnée $P_1P'_1$ représente ce que nous avons désigné dans ce qui précède par $P_1(T)$.

En réunissant tous ces renseignements, on trouve pour la surface

$$y = \Psi'(p, T),$$

une forme analogue à celle que représente la *fig.* 11.

C est le point critique.

A droite de ce point, la surface présente une seule nappe CGG relative au corps à l'état gazeux. A gauche de ce point, elle pré-

Fig. 11.

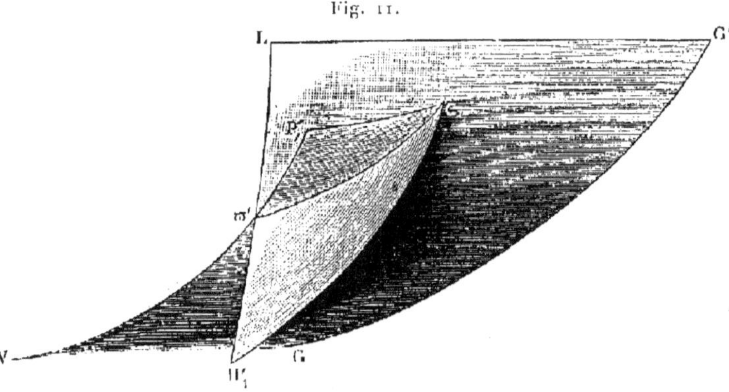

sente deux nappes VP'_1C, $L\Pi'_1C$ se *recoupant* suivant la ligne $\varpi'C$. La ligne $\varpi'C$ se projette sur le plan pOT suivant la courbe des tensions de vapeur saturée.

Cette surface, qui donne une représentation géométrique (¹) de toutes les propriétés du fluide, met en évidence les principales conséquences du principe d'Andrews. On voit que l'emploi de cette surface est inspiré par la classique théorie des fonctions non uniformes imaginée par B. Riemann. La fonction $\Psi'(p, T)$ n'étant pas uniforme, nous décomposons le plan des (p, T) en *feuillets* se pénétrant suivant la *coupure* représentée par la courbe des tensions de vapeur, la fonction $\Psi'(p, T)$ étant uniforme sur chaque feuillet; puis nous avançons chaque point de chaque feuillet, parallèlement à Oy, d'une quantité proportionnelle à la valeur qu'a, en ce point, la fonction $\Psi'(p, T)$.

§ III. — Vaporisation totale. — Éléments critiques.
Courbe des volumes spécifiques.

Traçons la courbe ϖC (*fig.* 12) qui représente à chaque température la tension de vapeur saturée; lorsque la température T

Fig. 12.

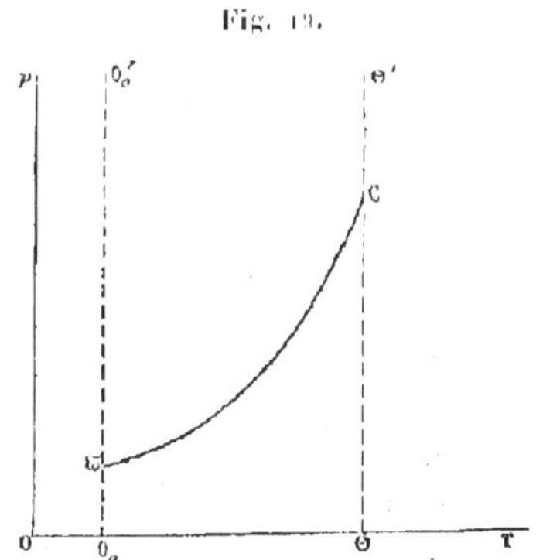

tend vers la température critique Θ, la tension de vapeur saturée tend vers une limite parfaitement déterminée, $\mathscr{P}$, représentée par

---

(¹) M. J. Willard Gibbs a donné une autre représentation géométrique des mêmes propriétés en prenant pour coordonnées la température absolue T, l'énergie interne U et l'entropie S [J. VILLARD GIBBS, *A method of geometrical representation of the thermodynamic properties of substances by means of surfaces* (*Transactions of the Connecticut Academy*, t. II, part. II, p. 382)].

l'ordonnée ΘC. Cette limite $\mathfrak{P}$ est ce que nous nommerons la *pression critique*.

La courbe des tensions de vapeur saturée s'élève toujours de gauche à droite, et tourne toujours sa convexité vers l'axe OT.

La quantité $\frac{d\varpi}{dT}$ est donc toujours positive et croissante avec T; c'est un fait d'expérience.

Lorsque la température T tend vers la température critique Θ, la quantité $\frac{d\varpi}{dT}$ pourrait croître au delà de toute limite ; la courbe ϖC serait alors tangente en C à l'ordonnée $\Theta\Theta'$. D'après Clausius, c'est aux théories de M. Van der Waals ([1]) que l'on doit le rejet de cette hypothèse. Nous donnerons donc le nom de *premier postulat de Van der Waals* à la proposition suivante :

Lorsque la température T tend vers la température critique Θ, la quantité $\frac{d\varpi}{dT}$ tend vers une limite finie que nous désignerons par $\frac{d\mathfrak{P}}{d\Theta}$.

Considérons l'équation de Clapeyron et de Clausius

$$(16) \qquad L(T) = \frac{T}{E}\left[v_1(\varpi,\, T) - v_2(\varpi,\, T) \right] \frac{d\varpi}{dT}.$$

Sur cette équation, les auteurs font, en général, le raisonnement suivant :

Lorsque la température T tend vers la température critique Θ et la tension de vapeur saturée ϖ vers la pression critique $\mathfrak{P}$, les deux volumes spécifiques $v_1(\varpi,\, T)$, $v_2(\varpi,\, T)$, tendent tous deux vers une même limite, qui est le volume spécifique $v_3(\mathfrak{P},\, \Theta)$ du gaz pris sous la pression critique $\mathfrak{P}$ à la température critique Θ. La quantité $\frac{d\varpi}{dT}$ tendant en même temps vers une limite finie, la chaleur de vaporisation L(T) tend vers o.

Il importe de montrer que ce raisonnement spécieux dissimule une hypothèse que nous allons au contraire chercher à énoncer avec précision.

([1]) Les écrits de M. J.-D. van der Waals ont été réunis et traduits en allemand par M. Fr. Roth sous le titre : *Die Continuität des gasförmigen und flüssigen Zustandes* (Leipzig, 1881).

Considérons une fonction $U(p, T)$ égale, dans la région du plan située à droite de $\Theta\Theta'$, à

$$v_3(p, T) = \frac{\partial \Psi'_3(p, T)}{\partial p};$$

dans la région du plan $\Theta'_0 \varpi C\Theta'$, à

$$v_2(p, T) = \frac{\partial \Psi'_2(p, T)}{\partial p};$$

dans la région du plan $\Theta_0 \varpi C\Theta$, à

$$v_1(p, T) = \frac{\partial \Psi'_1(p, T)}{\partial p}.$$

Cette fonction $U(p, T)$ est, dans toute la partie du plan située à droite de $\Theta_0 \Theta'_0$, une fonction analytique uniforme de p, T; mais elle présente une *coupure*, la ligne ϖC.

Si un point $M(p, T)$ du plan (*fig.* 13) tend vers un point $m(\varpi, \tau)$ de la ligne ϖC du côté de cette ligne qui regarde l'axe OT, la fonction $U(p, T)$ tend vers la limite $v_2(\varpi, \tau)$. Si un point $M'(p', T')$ du plan tend vers le même point $m(\varpi, \tau)$ de la ligne ϖC du côté de cette ligne qui regarde l'axe OP, la fonction $U(p', T')$, tend vers une autre limite $v_1(\varpi, \tau)$.

Mais, du moment que le point M du plan tend vers le point m de la ligne ϖC *d'un côté déterminé de cette ligne*, la limite vers laquelle tend la fonction $U(p, T)$ ne dépend pas de la forme du chemin suivi par le point M pour se rendre au point m.

La fonction $U(p, T)$ *tend vers sa limite d'une manière uniforme.*

On démontrerait sans peine que cela résulte des deux faits suivants :

La fonction $\dfrac{\partial \Psi'_1(p, T)}{\partial p}$ se prolonge analytiquement, au delà de la ligne ϖC, par la fonction $\dfrac{\partial \psi'_1(p, T)}{\partial p}$; la fonction $\dfrac{\partial \Psi'_2(p, T)}{\partial p}$ se prolonge analytiquement, au delà de la ligne ϖC, par la fonction $\dfrac{\partial \psi'_2(p, T)}{\partial p}$.

Les considérations qui précèdent s'appliquent à tout point m

de la ligne ϖC, *sauf au point* C. Elles ne s'appliquent plus au point C. Soit M(p, T) un point du plan qui tend vers le point

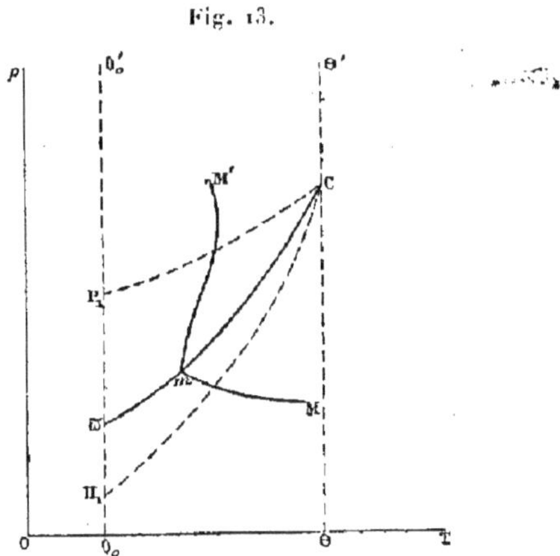

Fig. 13.

C(Ψ, Θ). *Rien n'empêche que la valeur limite vers laquelle tend la fonction* U(p, T) *ne dépende du chemin suivi par le point* M *pour se rendre au point* C.

Considérons de même la fonction K(p, T), égale, dans la région du plan située à droite de ΘΘ', à

$$\frac{\partial \Psi'_3(p, T)}{\partial T} = -\, ES_3(p, T);$$

dans la région du plan $\Theta'_0\, \varpi\, C\, \Theta'$, à

$$\frac{\partial \Psi'_2(p, T)}{\partial T} = -\, ES_2(p, T);$$

dans la région du plan $\Theta_0\, \varpi\, C\, \Theta$, à

$$\frac{\partial \Psi'_1(p, T)}{\partial T} = -\, ES_1(p, T).$$

Rien n'empêche que la valeur limite vers laquelle tend la fonction K(p, T) *ne dépende du chemin suivi par le point* M *pour se rendre au point* C.

Que rien, dans ce qui précède, n'empêche de faire ces deux

hypothèses, cela se voit sans peine ; car ces hypothèses reviennent simplement à supposer que le point C est un *point conique* pour la surface représentée par la *fig*. 11.

Or voyons quelles seraient les conséquences de ces hypothèses.

Supposons que le point (p, T) tende vers le point C par un chemin MC (*fig*. 14), infiniment voisin de la courbe ϖC, et situé

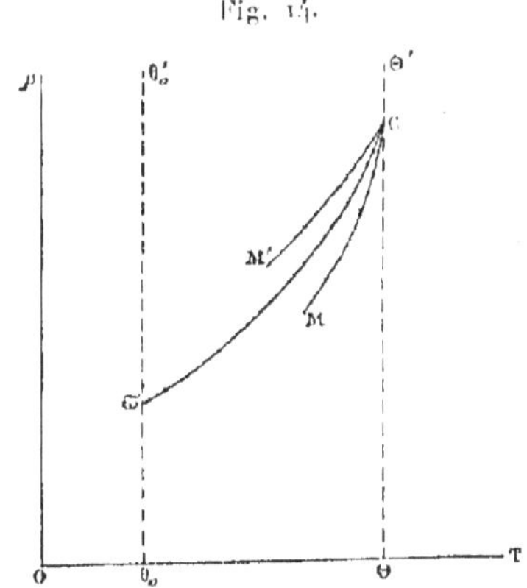

Fig. 14.

du côté de la courbe ϖC qui regarde l'axe OT. Les fonctions $U(p, \text{T})$, $K(p, \text{T})$ tendront vers des limites déterminées que nous désignerons par

$$U_1(\mathcal{P}, \Theta), \qquad K_1(\mathcal{P}, \Theta).$$

Supposons que le point (p, T) tende vers le point C par un chemin M'C, infiniment voisin de la courbe ϖC, et situé du côté de cette courbe qui regarde l'axe OP. Les fonctions $U(p, \text{T})$, $K(p, \text{T})$ tendront vers des limites déterminées, mais différentes des précédentes, que nous désignerons par

$$U_2(\mathcal{P}, \Theta), \qquad K_2(\mathcal{P}, \Theta).$$

Nous aurons alors

$$\lim[e_1(\varpi, \text{T}) - e_2(\varpi, \text{T})] = U_1(\mathcal{P}, \Theta) - U_2(\mathcal{P}, \Theta).$$

$$\lim L(\text{T}) = \lim \{\text{T}[S_2(\varpi, \text{T}) - S_1(\varpi, \text{T})]\}$$

$$= \frac{\Theta}{E}[K_1(\mathcal{P}, \Theta) - K_2(\mathcal{P}, \Theta)].$$

Ainsi, dans cette hypothèse, lorsque la température tend vers la température critique, et la tension de vapeur saturée vers la pression critique, le volume spécifique du liquide et le volume spécifique de la vapeur ne tendent pas vers la même limite; la chaleur de vaporisation ne tend pas vers o.

Cette hypothèse ne serait nullement en contradiction avec le principe d'Andrews; elle ne contredit pas non plus le postulat de Van der Waals; l'équation (16) exigerait seulement que l'on eût

$$\frac{d\mathfrak{P}}{d\Theta} = \frac{K_1(\mathfrak{P}, \Theta) - K_2(\mathfrak{P}, \Theta)}{U_1(\mathfrak{P}, \Theta) - U_2(\mathfrak{P}, \Theta)}.$$

On voit aussi combien est fautif le raisonnement généralement employé que nous avons exposé tout à l'heure.

Puisque l'hypothèse que nous venons d'exposer n'a rien d'absurde ni de contradictoire avec ce qui précède, la rejeter, c'est faire une hypothèse; cette hypothèse, nous la ferons explicitement sous la forme suivante :

Lorsque le point $M(p, T)$ *tend vers le point* $C(\mathfrak{P}, \Theta)$, *les fonctions* $U(p, T)$, $K(p, T)$ *tendent chacune vers une limite finie, indépendante du chemin suivi par le point* M *pour se rendre au point* C.

Nous allons voir à l'instant même que cette hypothèse conduit à certaines conséquences que Cagniard de Latour a, le premier, constatées par l'expérience; nous donnerons donc à cette hypothèse le nom de *postulat de Cagniard de Latour*.

D'après les considérations précédentes, le postulat de Cagniard de Latour entraîne les deux conséquences suivantes :

1° *Lorsque la température* T *tend vers la température critique* Θ, *et la pression* p *vers la pression critique* $\mathfrak{P}$, *le volume spécifique* $v_1(p, T)$ *de la vapeur et le volume spécifique* $v_2(p, T)$ *du liquide tendent vers une même limite,* $v(\mathfrak{P}, \Theta)$, *que nous nommerons le* volume critique.

2° *La chaleur de vaporisation tend vers* o.

Des deux propositions précédentes, il résulte évidemment qu'un liquide chauffé au voisinage du point critique peut se réduire en vapeur *brusquement* et *sous un volume presque égal au sien.*

C'est le phénomène que Cagniard de Latour avait observé en chauffant l'eau, l'alcool, l'éther, à des températures suffisamment élevées et qu'il avait nommé *vaporisation totale*.

Revenons à la première des deux propositions que nous avons démontrées.

Imaginons que, dans le plan des (v, T), nous tracions la courbe $U_1 U_1'$, (*fig.* 15), représentée par l'équation

$$v = v_1[\varpi(T), T],$$

qui donne, à chaque température T, le volume spécifique de la

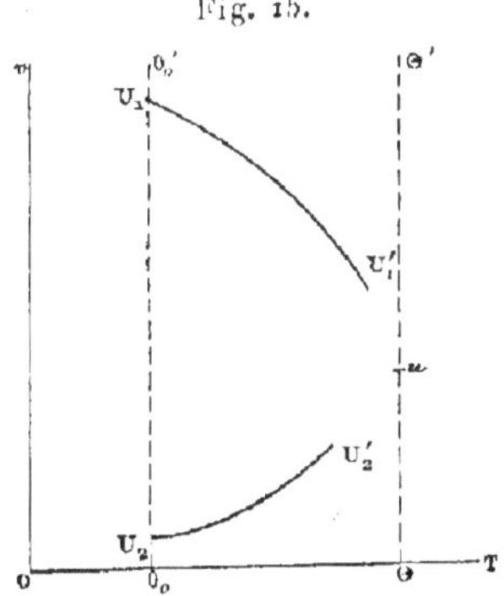

Fig. 15.

vapeur saturée dont la tension est $\varpi(T)$; que nous tracions aussi la courbe $U_2 U_2'$ représentée par l'équation

$$v = v_2[\varpi(T), T]$$

qui donne, à chaque température T, le volume spécifique du liquide soumis à la pression $\varpi(T)$ de la vapeur saturée.

Le volume spécifique du liquide étant, à une même température et sous une même pression, inférieur au volume spécifique de la vapeur, la seconde courbe est toujours située au-dessous de la première.

Ces deux courbes viendront, d'après ce qui précède, se réunir en un même point u, situé sur l'ordonnée $\Theta\Theta'$, et tel que la longueur Θu mesure le volume critique $v(\mathcal{P}, \Theta)$.

Il est intéressant de chercher comment se fait cette réunion.

Pour le déterminer, nous nous appuierons sur deux faits d'expérience et sur un postulat.

Les deux faits d'expérience sont les suivants :

1° Toutes les mesures montrent que *le volume spécifique de la vapeur saturée*

$$v_1[\varpi(T),\ T]$$

est une fonction de T qui décroît lorsque la température croît, et cela d'autant plus vite que la température T est plus voisine de la température critique Θ.

2° Les observations de Thilorier d'abord, de Drion et Loir ensuite, ont montré que : *à toute température, pour les liquides qui ne présentent pas de maximum de densité, et aux températures supérieures à une certaine limite (que nous supposerons être* θ_0*) pour tous les liquides, le volume spécifique du liquide sous tension de vapeur saturée*

$$v_2[\varpi(T),\ T]$$

est une fonction de T, qui croît avec T, d'autant plus vite que la température T est plus voisine du point critique Θ.

Ainsi : 1° la courbe $U_1 U_1'$ descend constamment de gauche à droite, et tourne sans cesse sa concavité vers l'axe OT.

2° La courbe $U_2 U_2'$ monte constamment de gauche à droite, et tourne sans cesse sa convexité vers l'axe OT.

À ces deux faits d'expérience, nous joindrons un postulat dont l'énoncé sera amené par les considérations suivantes :

On a, en général,

$$\frac{d\,v_1[\varpi(T),T]}{dT} = \frac{\partial v_1(\varpi,T)}{\partial T} + \frac{\partial v_1(\varpi,T)}{\partial \varpi}\frac{d\varpi}{dT},$$

$$\frac{d\,v_2[\varpi(T),T]}{dT} = \frac{\partial v_2(\varpi,T)}{\partial T} + \frac{\partial v_2(\varpi,T)}{\partial \varpi}\frac{d\varpi}{dT},$$

ce qui peut encore s'écrire

$$(17)\quad
\begin{cases}
\dfrac{d\,v_1[\varpi(T),T]}{dT} = \dfrac{\partial^2 \Psi_1'(\varpi,T)}{\partial\varpi\,\partial T} + \dfrac{\partial^2 \Psi_1'(\varpi,T)}{\partial\varpi^2}\dfrac{d\varpi}{dT}, \\[2ex]
\dfrac{d\,v_2[\varpi(T),T]}{dT} = \dfrac{\partial^2 \Psi_2'(\varpi,T)}{\partial\varpi\,\partial T} + \dfrac{\partial^2 \Psi_2'(\varpi,T)}{\partial\varpi^2}\dfrac{d\varpi}{dT}.
\end{cases}$$

Considérons deux fonctions $F(p, T)$, $G(p, T)$ égales respectivement :

1° Dans la région du plan situé à droite de $\Theta\Theta'$ (*fig.* 16), à
$\dfrac{\partial^2 \Psi'_2(p, T)}{\partial p\, \partial T}$ et à $\dfrac{\partial^2 \Psi'_3(p, T)}{\partial p^2}$;

2° Dans la région $\Theta'_0\varpi C\Theta'$ du plan, à $\dfrac{\partial^2 \Psi''_2(p, T)}{\partial p\, \partial T}$ et à $\dfrac{\partial^2 \Psi'_2(p, T)}{\partial p^2}$;

3° Dans la région $\Theta_0\varpi C\Theta$ du plan, à $\dfrac{\partial^2 \Psi''_1(p, T)}{\partial p\, \partial T}$ et à $\dfrac{\partial^2 \Psi'_1(p, T)}{\partial p^2}$.

Les deux fonctions $F(p, T)$, $G(p, T)$ sont, dans toute la partie
du plan située à droite de $\Theta_0\Theta'_0$, deux fonctions analytiques uniformes de p et de T, ayant une coupure, la ligne ϖC.

Lorsque le point $M(p, T)$ tend vers le point $C(\mathcal{P}, \Theta)$, il pourrait se faire que chacune des deux fonctions $F(p, T)$, $G(p, T)$

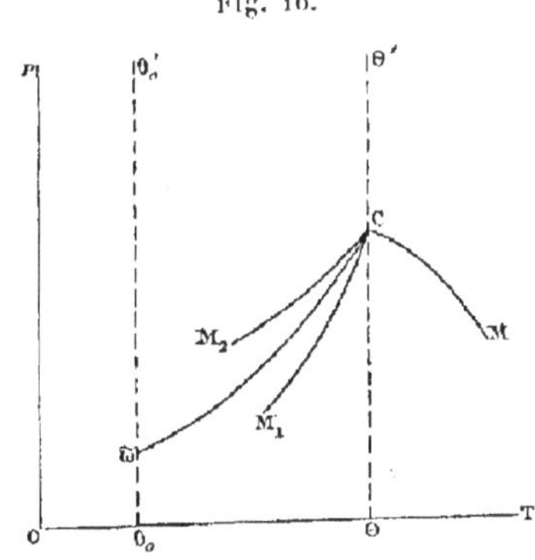

Fig. 16.

tendît vers une limite finie dont la valeur dépendrait du chemin MC
suivi par le point M pour venir au point C.

Suivons les conséquences de cette hypothèse.

Supposons que, dans la région $\Theta_0\varpi C\Theta$, le point $M_1(p_1, T_1)$
tende vers le point $C(\mathcal{P}, \Theta)$, par un chemin infiniment voisin de
la ligne ϖC. Les fonctions $F(p_1, T_1)$, $G(p_1, T_1)$ tendront vers
des limites déterminées F_1, G_1.

Supposons que, dans la région $\Theta'_0\varpi C\Theta'$, le point $M_2(p_2, T_2)$
tende vers le point $C(\mathcal{P}, \Theta)$, par un chemin infiniment voisin de
la ligne ϖC. Les fonctions $F(p_2, T_2)$, $G(p_2, T_2)$ tendront vers
des limites déterminées F_2, G_2, différentes en général de F_1, G_1.

Dès lors, les égalités (17) nous donneront

$$\lim \left\{ \frac{dv_1[\varpi(T), T]}{dT} \right\}_{T=\Theta} = F_1 + G_1 \frac{d\mathfrak{P}}{d\Theta},$$

$$\lim \left\{ \frac{dv_2[\varpi(T), T]}{dT} \right\}_{T=\Theta} = F_2 + G_2 \frac{d\mathfrak{P}}{d\Theta}.$$

Les deux courbes $U_1 U'_1$, $U_2 U'_2$ (*fig.* 17) aboutiront toutes

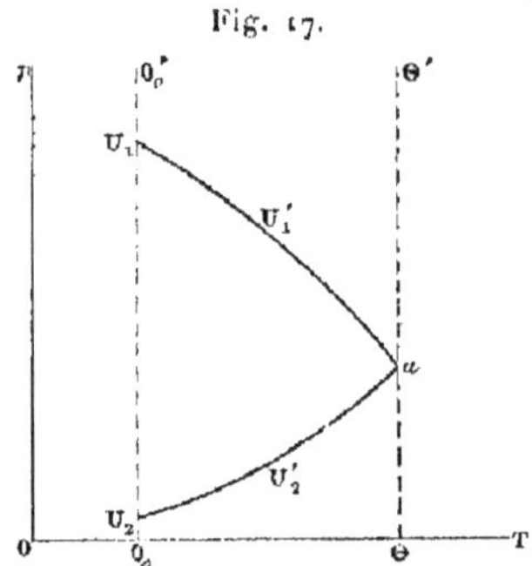

Fig. 17.

deux au point u avec une tangente déterminée, différente pour chacune des deux courbes.

Cette conséquence n'aurait rien d'absurde ni de contradictoire avec ce qui précède. Repousser l'hypothèse que nous venons de développer, ce sera faire une hypothèse que nous énoncerons dans les termes suivants :

Si, lorsque le point $M(p, T)$, *tend vers le point* $C(\mathfrak{P}, \Theta)$, *les fonctions* $F(p, T)$, $G(p, T)$ *tendent vers des limites finies, ces limites ne peuvent dépendre du chemin suivi par le point* M *pour venir au point* C; *si leur valeur absolue croît au delà de toute limite, leur signe sera indépendant du chemin MC.*

Nous donnerons à cette hypothèse le nom de *second postulat de Van der Waals*, car elle conduit à des conséquences que, d'après Clausius, M. Van der Waals a énoncées le premier.

Les deux fonctions $F(p, T)$, $G(p, T)$ peuvent-elles toutes deux, lorsque le point $M(p, T)$ tend vers le point $C(\mathfrak{P}, \Theta)$, tendre vers des limites finies, qui, d'après le postulat précédent, seraient indépendantes du chemin MC? En désignant par f, g ces limites, on aurait, d'après les égalités (17),

$$\lim\left\{\frac{dv_1[\varpi(\mathrm{T}),\mathrm{T}]}{d\mathrm{T}}\right\}_{\mathrm{T}=\Theta} = f + g\,\frac{d\Psi}{d\Theta},$$

$$\lim\left\{\frac{dv_2[\varpi(\mathrm{T}),\mathrm{T}]}{d\mathrm{T}}\right\}_{\mathrm{T}=\Theta} = f + g\,\frac{d\Psi}{d\Theta}.$$

Les premiers membres de ces égalités sont, nous l'avons vu, deux quantités de signe contraire, et leur valeur absolue va en croissant lorsque la température T tend vers la température critique Θ. Ces deux quantités ne peuvent donc tendre vers une même limite. L'hypothèse que nous venons de faire est inacceptable.

Lorsque le point $\mathrm{M}(p,\mathrm{T})$ tend vers le point $\mathrm{C}(\Psi,\Theta)$, peut-il arriver que l'une des deux fonctions $\mathrm{F}(p,\mathrm{T})$, $\mathrm{G}(p,\mathrm{T})$ croisse au delà de toute limite, l'autre demeurant finie?

D'après le postulat précédent, la fonction qui croît au delà de toute limite croît avec un signe indépendant du chemin MC. Dès lors, les deux quantités

$$\frac{dv_1[\varpi(\mathrm{T}),\mathrm{T}]}{d\mathrm{T}},\qquad \frac{dv_2[\varpi(\mathrm{T}),\mathrm{T}]}{d\mathrm{T}},$$

pour des valeurs de T, suffisamment voisines de Θ, auraient de très grandes valeurs absolues de même signe. Ce dernier point est en contradiction avec ce que nous savons de ces quantités.

Nous sommes donc obligés de supposer que *les deux fonctions* $\mathrm{F}(p,\mathrm{T})$, $\mathrm{G}(p,\mathrm{T})$ *croissent toutes deux au delà de toute limite lorsque le point* $\mathrm{M}(p,\mathrm{T})$ *tend vers le point* $\mathrm{C}(\Psi,\Theta)$.

D'après le postulat précédent, chacune d'elles croît au delà de toute limite en gardant un signe indépendant du chemin MC. Déterminons ce signe pour chacune des deux fonctions $\mathrm{F}(p,\mathrm{T})$, $\mathrm{G}(p,\mathrm{T})$.

Les deux quantités

$$\frac{\partial^2\Psi_1(p,\mathrm{T})}{\partial p\,\partial\mathrm{T}} = \frac{\partial v_1(p,\mathrm{T})}{\partial\mathrm{T}},$$

$$\frac{\partial^2\Psi_2(p,\mathrm{T})}{\partial p\,\partial\mathrm{T}} = \frac{\partial v_2(p,\mathrm{T})}{\partial\mathrm{T}}$$

sont essentiellement positives; il en est de même de la quantité

$$\frac{\partial^2 \Psi'_2(p, T)}{\partial p \, \partial T} = \frac{\partial v_2(p, T)}{\partial T}.$$

pour tous les liquides qui ne présentent pas de maximum de densité; cette quantité est positive, même pour les liquides qui présentent un maximum de densité, lorsque la température T est supérieure à ce maximum de densité.

Ainsi, au voisinage du point critique, la fonction

$$F(p, T)$$

est essentiellement positive.

Les trois quantités

$$\frac{\partial^2 \Psi'_1(p, T)}{\partial p^2} = \frac{\partial v_1(p, T)}{\partial p},$$

$$\frac{\partial^2 \Psi'_2(p, T)}{\partial p^2} = \frac{\partial v_2(p, T)}{\partial p},$$

$$\frac{\partial^2 \Psi'_3(p, T)}{\partial p^2} = \frac{\partial v_3(p, T)}{\partial p}$$

sont essentiellement négatives pour tous les fluides connus; la fonction

$$G(p, T)$$

est essentiellement négative.

Nous arrivons ainsi aux conséquences suivantes :

Lorsque le point (p, T) *tend vers le point* (Φ, Θ), *les quantités*

$$\frac{\partial^2 \Psi'_1(p, T)}{\partial p \, \partial T}, \qquad \frac{\partial^2 \Psi'_2(p, T)}{\partial p \, \partial T}, \qquad \frac{\partial^2 \Psi'_3(p, T)}{\partial p \, \partial T}$$

croissent au delà de toute limite; les quantités

$$\frac{\partial^2 \Psi'_1(p, T)}{\partial p^2}, \qquad \frac{\partial^2 \Psi'_2(p, T)}{\partial p^2}, \qquad \frac{\partial^2 \Psi'_3(p, T)}{\partial p^2}$$

sont négatives et leurs valeurs absolues croissent au delà de toute limite.

Supposer que l'on a l'une des égalités

$$(18) \qquad \frac{d\Phi}{d\Theta} = -\lim \frac{\dfrac{\partial^2 \Psi'_1(\varpi,\,T)}{\partial\varpi\,\partial T}}{\dfrac{\partial^2 \Psi'_1(\varpi,\,T)}{\partial\varpi^2}} \,; \qquad \frac{d\Phi}{d\Theta} = -\lim \frac{\dfrac{\partial^2 \Psi'_2(\varpi,\,T)}{\partial\varpi\,\partial T}}{\dfrac{\partial^2 \Psi'_2(\varpi,\,T)}{\partial\varpi^2}} \,,$$

ce serait faire une hypothèse particulière qui ne saurait être exacte en général. Si donc nous nous reportons aux égalités (17), nous voyons qu'en général, lorsque le point $M(p,\,T)$ tend vers le point $C(\Phi,\,\Theta)$, les deux quantités

$$\frac{d\,v_1[\varpi(T),\,T]}{dT}, \qquad \frac{d\,v_2[\varpi(T),\,T]}{dT}$$

ne peuvent, ni l'une ni l'autre, tendre vers une limite finie.

Comme la première est toujours négative et la seconde toujours positive, on voit que, *sauf le cas particulier où l'une des égalités (18) serait vérifiée, lorsque le point* $M(p,\,T)$ *tend vers le point* $C(\Phi,\,\Theta)$, *la quantité*

$$\frac{dv_2[\varpi(T),\,T]}{dT}$$

croît au delà de toute limite; la quantité

$$\frac{d\,v_1[\varpi(T),\,T]}{dT}$$

est négative et sa valeur absolue croît au delà de toute limite.

Ces deux dernières propositions sont celles dont Clausius attribue l'invention à M. Van der Waals. De ces propositions, il résulte que *les deux courbes* $U_1 U'_1$, $U_2 U'_2$ *viennent se réunir au point* u (*fig.* 18) *en touchant en ce point l'ordonnée* $\Theta\Theta'$.

Cette conséquence repose sur un nombre assez considérable d'hypothèses que nous avons cherché à énoncer avec précision. Il est donc important de vérifier expérimentalement que les volumes spécifiques de la vapeur saturée et du liquide sous tension de vapeur saturée peuvent être représentés, à toute température, par une courbe présentant la forme figurée (*fig.* 18).

Cette vérification expérimentale nous est fournie par les re-

cherches de MM. Cailletet et Mathias (¹) qui nous donnent la
courbe des volumes spécifiques de l'éthylène, du protoxyde
d'azote, de l'acide carbonique et de l'acide sulfureux.

Nous avons vu que la chaleur de vaporisation tendait vers o
lorsque la température tendait vers le point critique; nous pour-

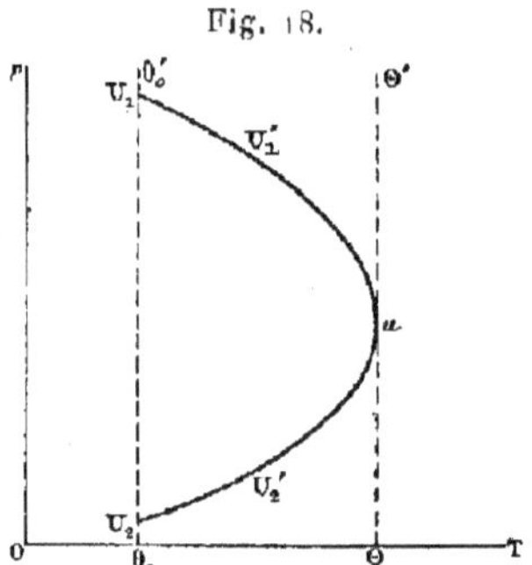

Fig. 18.

rons préciser davantage de quelle manière la chaleur de vaporisation tend vers o, si nous admettons le postulat suivant, imité du
premier postulat de Van der Waals :

Lorsque la température T *tend vers le point critique, la
quantité* $\dfrac{d^2\varpi}{dT^2}$ *tend vers une limite finie.*

Prenons, en effet, l'équation de Clapeyron,

$$(16) \qquad L(T) = \frac{T}{E}\,[\,v_1(\varpi,\,T) + v_2(\varpi,\,T)\,]\,\frac{d\varpi}{dT}\,;$$

différentions-la; nous trouvons

$$\frac{dL(T)}{dT} = \frac{1}{E}\,[\,v_1(\varpi,\,T) - v_2(\varpi,\,T)\,]\left(\frac{d\varpi}{dT} + T\,\frac{d^2\varpi}{dT^2}\right)$$
$$+ \frac{T}{E}\left[\frac{dv_1(\varpi,\,T)}{dT} - \frac{dv_2(\varpi,\,T)}{dT}\right]\frac{d\varpi}{dT}.$$

(¹) CAILLETET et MATHIAS, *Recherches sur les densités des gaz liquéfiés et
de leurs vapeurs saturées* (*Journal de Physique,* 2ᵉ série, t. V, p. 549; 1886).
— *Recherches sur la densité de l'acide sulfureux à l'état liquide et à l'état
de vapeur saturée* (*Ibid.,* t. VI, p. 414; 1887). — MM. Cailletet et Mathias ont
donné la courbe des *densités* pour ces différents corps; on en déduit sans peine
la courbe des *volumes spécifiques.*

Supposons que la température T tende vers la température critique Θ; la quantité

$$v_1(\varpi, T) - v_2(\varpi, T)$$

tend vers o.

La quantité

$$\frac{d\varpi}{dT} + T\,\frac{d^2\varpi}{dT^2}$$

tend vers une limite finie.

La quantité

$$\frac{d\varpi}{dT}$$

tend vers une limite finie et positive.

La quantité

$$\frac{dv_2(\varpi, T)}{dT}$$

croît au delà de toute limite.

La quantité

$$\frac{dv_1(\varpi, T)}{dT}$$

est négative et sa valeur absolue croît au delà de toute limite.

On arrive donc au résultat suivant :

Lorsque la température T tend vers le point critique Θ, la quantité $\dfrac{d\,L(T)}{dT}$ est négative et sa valeur absolue croît au delà de toute limite.

La courbe LΘ qui donne les valeurs de la chaleur de vaporisa-

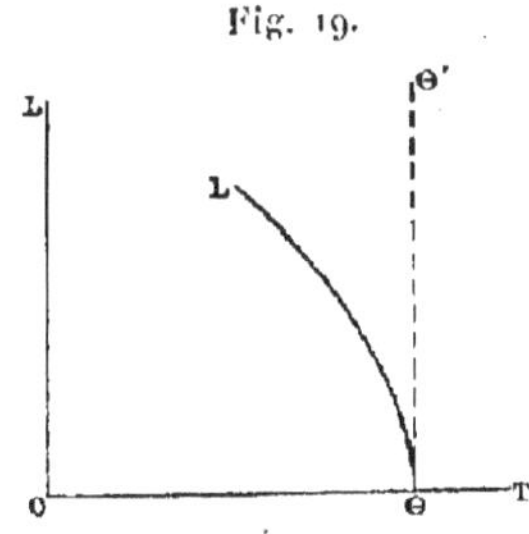

Fig. 19.

tion en fonction de la température aura donc, aux températures suffisamment voisines du point critique, la forme représentée par la *fig.* 19.

Au moment où nous indiquions ce résultat dans notre enseignement de la Faculté des Sciences de Lille (1888-1889), M. E. Mathias [1], sans avoir connaissance de nos Leçons, suivait, jusqu'au voisinage du point critique, la chaleur de vaporisation de l'acide carbonique et du protoxyde d'azote; ses expériences, conduites avec un soin et une précision extrêmes, l'ont conduit au résultat que nous venons d'énoncer.

§ IV. — Deuxième principe de la continuité de l'état liquide et de l'état gazeux ou principe de James Thomson.

Dans le plan des (p, T), traçons (*fig.* 20) l'ordonnée $\Theta\Theta'$ qui correspond au point critique C; la courbe ϖC des tensions de vapeur saturée; la courbe HC au-dessus de laquelle il existe certai-

Fig. 20.

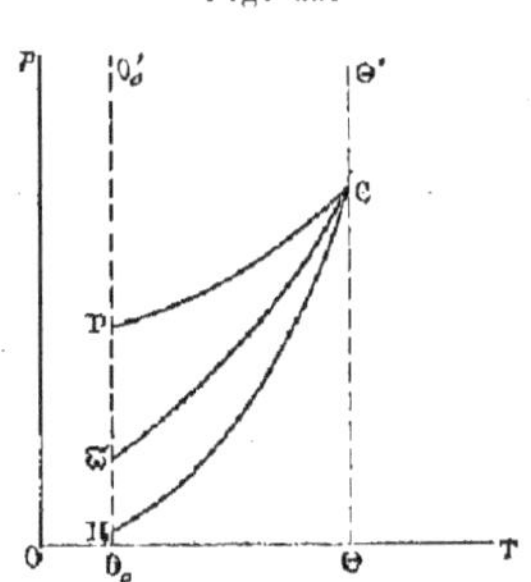

nement du liquide; la courbe PC au-dessous de laquelle on peut certainement observer de la vapeur.

Considérons la fonction non uniforme $\Psi'(p, \mathrm{T})$ qui a les déterminations suivantes :

1º A droite de $\Theta\Theta'$, la fonction $\Psi'(p, \mathrm{T})$ admet la détermination unique $\Psi'_3(p, \mathrm{T})$;

2º Dans la région $\Theta'\mathrm{CP}\Theta'_0$, la fonction $\Psi'(p, \mathrm{T})$ admet la détermination unique $\Psi'_2(p, \mathrm{T})$;

---

[1] E. MATHIAS, *Sur la chaleur de vaporisation des gaz liquéfiés* (*Annales de Chimie et de Physique*, 6ᵉ série, t. XXI, p. 69; 1890). — *Voir*, en particulier, la *fig.* 9.

$3°$ Dans la région $PC\varpi$, la fonction $\Psi'(p, T)$ admet les deux déterminations $\Psi'_2(p, T)$, $\psi'_1(p, T)$;

$4°$ Dans la région ϖCH, la fonction $\Psi'(p, T)$ admet les deux déterminations $\Psi'_1(p, T)$, $\psi'_2(p, T)$;

$5°$ **Dans** la région $\theta_0 HC\Theta$, la fonction $\Psi'(p, T)$ admet la détermination unique $\Psi'_1(p, T)$.

La quantité

$$\Psi'(p, T) - p\,\frac{\partial \Psi'(p, T)}{\partial p}$$

représentera l'expression *non uniforme* du potentiel thermodynamique interne en fonction des variables p et T. Si, dans cette expression, nous remplaçons p par son expression en fonction des variables v et T déduite de l'équation

$$\frac{\partial \Psi'(p, T)}{\partial p} = v,$$

nous obtiendrons une fonction $\Psi(v, T)$ des deux variables v et T, qui sera le potentiel thermodynamique interne du fluide.

Le potentiel thermodynamique interne d'un système est une *fonction uniforme* des paramètres qui déterminent sans ambiguïté possible l'état du système. *Si donc nous supposons que la connaissance des deux paramètres v, T détermine sans ambiguïté l'état du système, la fonction $\Psi(v, T)$ sera une fonction uniforme des deux variables v, T. Il est, en outre, aisé de voir, d'après le procédé qui a servi à la former, qu'elle est une fonction analytique de v et de T.*

Voyons donc quel est le sens de cette hypothèse : la connaissance des deux variables v, T détermine sans ambiguïté l'état du fluide?

D'après les hypothèses fondamentales faites sur les fluides que nous étudions, le *liquide* est défini sans ambiguïté, si l'on se donne le volume spécifique v_2 et la température T; la *vapeur* est définie sans ambiguïté si l'on se donne le volume spécifique v_1 et la température T; le *gaz* est défini sans ambiguïté si l'on se donne le volume spécifique v_3 et la température T; la connaissance du groupe de variables (v, T) définit donc sans ambiguïté l'état du système si l'on y ajoute la mention que le fluide a la forme liquide, la forme de vapeur ou la forme de gaz.

Dès lors, on sera assuré que le système est entièrement défini par la connaissance des variables v, T, si un même point du plan des (v, T) ne correspond jamais à plus d'un des trois états : liquide, vapeur, gaz ; et cette condition suffisante est en même temps nécessaire.

Considérons le plan des (v, T) (*fig.* 21).

Dans l'équation

$$v = v_1(p, T),$$

qui représente le volume spécifique du corps à l'état de vapeur, remplaçons p par la tension ϖ de la vapeur saturée à la tempéra-

Fig. 21.

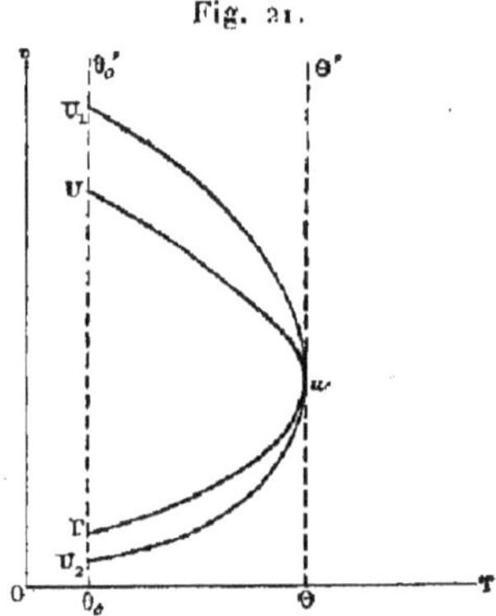

ture T. Nous obtenons l'équation de la courbe $U_1 u$, qui représente les volumes spécifiques de la vapeur saturée.

Dans l'équation

$$v = v_2(p, T),$$

qui représente le volume spécifique du corps à l'état liquide, remplaçons p par la tension ϖ de la vapeur saturée à la température T. Nous obtenons l'équation de la courbe $U_2 u$, qui représente les volumes spécifiques du liquide soumis à la tension de vapeur saturée. Nous avons vu comment ces deux courbes $U_1 u$, $U_2 u$ venaient se rejoindre et se raccorder.

Si, dans l'équation

$$v = v_1(p, T),$$

nous remplaçons p par l'ordonnée P de la courbe PC (*fig.* 20), au-dessous de laquelle la vapeur est certainement observable, nous obtenons l'équation d'une courbe Uu. Comme, à une température déterminée T, la valeur de P est supérieure à la valeur de ϖ, la valeur de $v_1(P, T)$ est inférieure à la valeur de $v_1(\varpi, T)$ et la courbe Uu est située au-dessous de la courbe U_1u.

Si, dans l'équation

$$v = v_2(p, T),$$

nous remplaçons p par l'ordonnée II de la courbe IIC (*fig.* 20), au-dessus de laquelle le liquide est certainement observable, nous obtenons l'équation d'une courbe Yu. Comme, à une température déterminée T, la valeur de II est inférieure à la valeur de ϖ, la valeur de $v_2(II, T)$ est supérieure à la valeur de $v_2(\varpi, T)$ et la courbe Yu est située au-dessus de la courbe U_2u.

Tous les points du plan des (v, T) qui correspondent au corps pris à l'état de gaz sont situés à droite de $\Theta\Theta'$.

Tous les points du plan des (v, T) qui correspondent au corps pris à l'état de liquide stable sont situés dans la région $\theta_0 U_2 u\Theta$.

Tous les points du plan des (v, T) qui correspondent au corps pris à l'état de vapeur stable sont situés dans la région $\theta'_0 U_1 u\Theta'$.

Tous les points du plan des (v, T) qui correspondent au corps pris à l'état de liquide instable sont situés dans la région $U_2 uY$.

Tous les points du plan des (v, T) qui correspondent au corps pris à l'état de vapeur instable sont situés dans la région $U_1 uU$.

Un point (v, T) correspond donc, dans chacune des cinq régions que nous venons de définir, à un état du corps parfaitement déterminé; un même point (v, T) ne pourra jamais correspondre à deux états distincts du corps, à moins que deux des régions que nous venons de définir n'aient une partie commune. Nous arrivons ainsi à la proposition suivante :

La connaissance des deux variables v, T définira sans ambiguïté l'état du corps, si deux des cinq régions définies ci-dessus ne peuvent jamais avoir de partie commune.

Les deux seules régions qui risquent d'avoir une partie commune sont les deux régions $U_2 uY$ et $U u U_1$. Pour qu'elles n'aient aucune partie commune, il faut et il suffit que l'ordonnée de la courbe Yu ne soit jamais supérieure à l'ordonnée de la courbe Uu. D'où la proposition suivante :

Pour que la connaissance des deux variables v, T définisse *sans ambiguïté l'état du corps, il faut et il suffit que la courbe Υu ne se place jamais au-dessus de la courbe Uu; ce qui peut encore s'énoncer ainsi : Il faut et il suffit qu'on ne puisse jamais, à une température déterminée, comprimer assez la vapeur pour qu'elle prenne un volume spécifique inférieur au plus grand volume spécifique que le liquide puisse atteindre à la même température.*

Telle est l'hypothèse que nous supposerons réalisée.

Lorsqu'on fait croître au delà de toute limite la pression que supporte un liquide sans faire varier la température T de ce liquide, il n'est pas vraisemblable que le volume spécifique de ce liquide tende vers o. Il est à croire qu'il tend vers une limite infé-

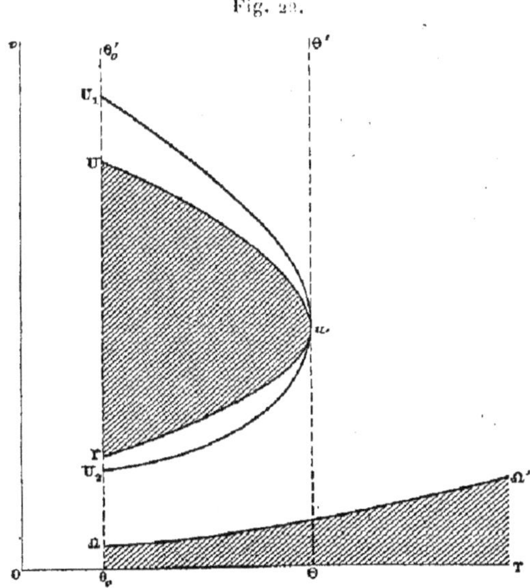

Fig. 22.

rieure positive, fonction de la température T, que nous désignerons par $\Omega(T)$. On peut en dire autant pour un gaz. Traçons, dans le plan des (v, T) (*fig.* 22), la courbe

$$\Omega\Omega',$$

représentée par l'équation

$$v = \Omega(T),$$

qui représente, à chaque température T, la limite inférieure du volume spécifique du liquide ou du gaz.

Tout point du plan des (v, T), situé dans la région non ombrée $\Omega'\Omega\Upsilon u U\,\Theta'_0$, correspond à un et un seul état réalisable du corps.

Les points situés dans la région ombrée ne correspondent à aucun état réalisable du corps.

A tout point (v, T) de la première région correspond une fonction $\Psi(v, T)$, analytique et uniforme dans toute cette région, représentant en chaque point le potentiel thermodynamique interne de l'état du corps auquel correspond ce point.

Cette proposition est une simple conséquence du principe de continuité d'Andrews et des diverses hypothèses faites dans ce qui précède.

Nous allons maintenant y adjoindre la proposition suivante, qui constitue une nouvelle hypothèse :

La fonction analytique uniforme $\Psi(v, T)$, qui est définie dans toute la partie du plan des (v, T) qui est située au-dessus de la courbe $\Omega\Omega'$ et à l'extérieur de la courbe $\Upsilon u U$, se prolonge, dans la région $\Upsilon u U$ intérieure à cette courbe, par une fonction analytique uniforme des deux variables v, T, fonction que nous désignerons encore par le symbole $\Psi(v, T)$.

Dans la région $\Upsilon u V$, la fonction $\Psi(v, T)$ ne représente plus le potentiel thermodynamique interne d'aucun état réalisable du corps; nous dirons qu'elle représente le potentiel thermodynamique interne de l'état *idéal de James Thomson*.

Nous donnerons à la proposition précédente le nom de *deuxième principe de la continuité de l'état liquide et de l'état gazeux*, ou *principe de James Thomson*. James Thomson n'a pas, en réalité, énoncé ce principe, mais seulement une de ses conséquences, que nous rencontrerons au prochain paragraphe.

Insistons sur le caractère qui distingue essentiellement le principe de continuité de James Thomson du principe de continuité d'Andrews. Ce dernier énonce un résultat qui dépasse la portée de l'expérience; aucune expérience ne saurait prouver qu'une fonction est analytique; mais, du moins, est-ce un fait d'expérience qui conduit, par induction, à énoncer ce principe.

Il n'en est pas de même du principe de James Thomson. Celui-ci est un principe dont la signification est purement analytique. Non seulement il ne peut être établi directement par l'expérience, qui en peut seulement vérifier des conséquences indirectes, mais encore aucune expérience ne conduit à l'énoncer.

§ V. — L'isotherme théorique et l'isotherme pratique.

Considérons l'équation

$$p = - \frac{\partial \Psi(v, T)}{\partial v}.$$

Si l'on y donne à T une valeur constante T_0 et à v les valeurs qui correspondent à un des états réalisables que le corps peut prendre à la température T_0, on obtient une équation entre p et v qui est l'équation de compressibilité, à la température T_0, du corps pris sous cet état réalisable.

Supposons que, dans cette équation, on donne à T une valeur fixe T_0, supérieure à θ_0, et à v toutes les valeurs supérieures à $\Omega(T_0)$, c'est-à-dire toutes les valeurs qui correspondent soit aux états réels du corps, soit à l'état idéal de James Thomson. L'équation

$$p = - \frac{\partial \Psi(v, T_0)}{\partial v}$$

représentera alors, dans le plan des (p, v), une courbe à laquelle nous donnerons, avec Clausius, le nom d'*isotherme théorique relative à la température* T_0.

Étudions les particularités que présente l'isotherme théorique relative aux diverses températures.

1° Supposons la température T_0 supérieure à la température critique Θ.

Lorsque v, partant de $\Omega(T)$, croît au delà de toute limite, le corps ne cesse d'être sous un état réel, l'état de gaz. La pression décroît sans cesse, et d'une manière continue, de l'infini à o. On obtient une isotherme théorique telle que $\alpha\alpha'$ (*fig.* 23). Cette courbe présente une asymptote verticale : la droite $\Omega\Omega'$, donnée par l'égalité

$$v = \Omega(t),$$

et une asymptote horizontale, l'axe Ov. Cette courbe représente,

Fig. 23.

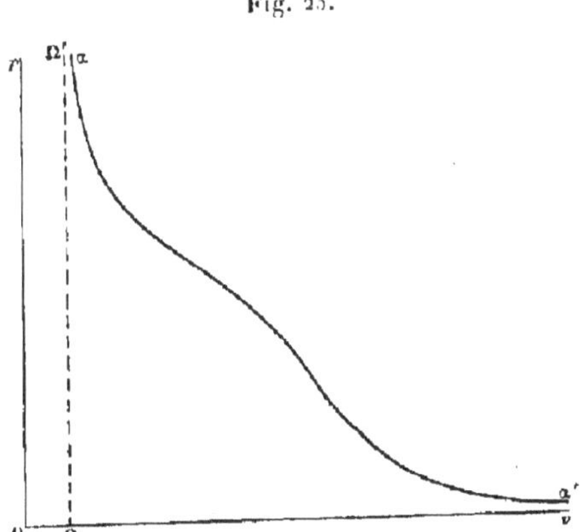

dans toute son étendue, la courbe de compressibilité d'un corps réel.

2° Supposons la température T_0 inférieure au point critique Θ.

Faisons croître v, d'une manière continue, depuis $\Omega(T_0)$ jusqu'au delà de toute limite.

Dans le plan des (v, T) (*fig.* 24), le point figuratif part de la position ω, dont l'ordonnée, $T_0\omega$, est mesurée par la quantité $\Omega(T_0)$. Dans le plan des (p, v) (*fig.* 25), une branche de courbe ΩA vient de l'infini, ayant pour asymptote la droite $\omega\omega'$, représentée par l'équation

$$v = \Omega(T_0).$$

Tant que, dans le plan des (v, T) (*fig.* 24), le point figuratif demeure au-dessous du point α, où la droite $T_0 T'_0$ rencontre la courbe $U_2 u$, les ordonnées des positions occupées par ce point représentent les volumes spécifiques du liquide stable. La pression décroît de $+\infty$ à ϖ, ϖ étant la tension de vapeur saturée à la température T_0. Dans le plan des (p, v) (*fig.* 25), on obtient un

58

arc de courbe constamment descendant, ΩA, qui est la courbe de
compressibilité du liquide stable.

Lorsque, ensuite, dans le plan des (v, T), le point figuratif du
volume monte du point α au point β (*fig.* 24) où $T_0 T'_0$ rencontre
la courbe Υu, la pression continue à décroître, et, dans le plan

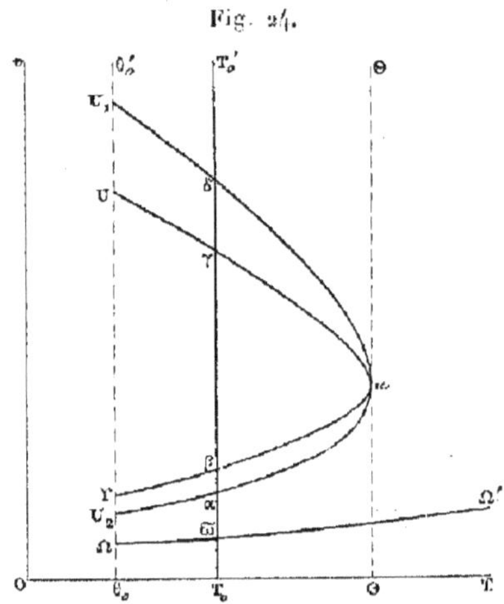

Fig. 24.

des (p, v) (*fig.* 25), le point figuratif décrit un segment de
courbe AB, descendant de gauche à droite, qui est la courbe de
compressibilité du liquide instable.

Aux températures éloignées du point critique, le liquide est
peu compressible et la courbe ΩAB s'éloigne peu d'une droite
verticale.

Supposons que le volume v continue à croître ; dans le plan des
(v, T), le point figuratif s'élève du point β au point γ (*fig.* 24),
où la droite $T_0 T'_0$ rencontre la courbe $U u$. Dans le plan des
(p, v) (*fig.* 25), le point figuratif décrit un arc de courbe BC
qui est la courbe de compressibilité de l'état idéal de James
Thomson. L'ordonnée βB du point B est la quantité que nous
avons désignée par $\Pi(T_0)$. L'ordonnée γC du point C est la
quantité que nous avons désignée par $P(T_0)$. La pression $\Pi(T_0)$
est inférieure à la tension de vapeur saturée $\varpi(T_0)$, tandis que la
pression $P(T_0)$ est supérieure à la tension de vapeur saturée

$\varpi(T_0)$. L'ordonnée du point C est donc supérieure à celle du point B, ce qui exige qu'en certaines régions de la courbe BC $\frac{\partial v}{\partial p}$ soit positif. Ainsi, dans certaines circonstances, l'état idéal de James Thomson peut augmenter de volume lorsque la pression

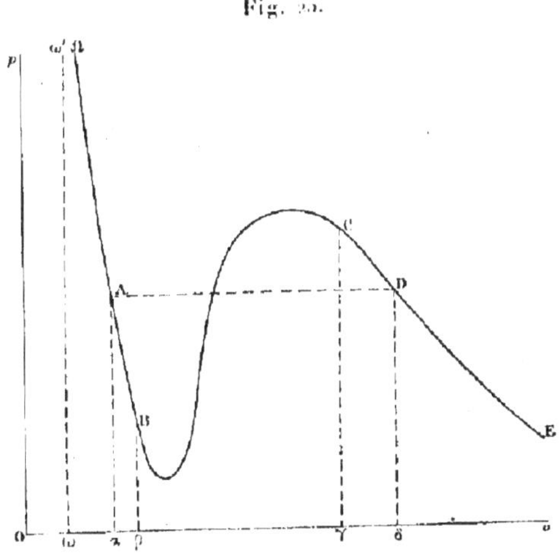

Fig. 25.

croît, à l'inverse de ce qui a lieu pour tout fluide réel. Il en résulte ([1]) que le fluide, pris sous cet état et soumis à une pression constante, pourrait ne se pas mettre en équilibre stable.

Lorsque, dans le plan des (v, T) (*fig.* 24) le point figuratif monte du point γ au point δ, où $T_0 T_0$ rencontre la courbe $U_1 u$, la pression décroît de $P(T_0)$ à $\varpi(T_0)$. Dans le plan des (p, v) (*fig.* 25), le point figuratif décrit un arc de courbe qui descend de gauche à droite, du point C au point D, situé avec A sur une même parallèle à Ov, représentée par l'équation

$$p = \varpi(T_0).$$

L'arc CD est la courbe de compressibilité de la vapeur instable.

([1]) Voir *Cours de Physique mathématique et de Cristallographie de la Faculté des Sciences de Lille : Hydrodynamique, Élasticité, Acoustique,* p. 83 (Paris, 1891).

60 P. DUHEM.

Lorsque le volume spécifique continue à croître, le point figuratif, dans le plan des (p, v) (*fig.* 25) décrit un arc de courbe DE qui descend de gauche à droite et tend asymptotiquement vers la droite Ov. Cet arc est la courbe de compressibilité de la vapeur stable.

La courbe ΩABCDE forme une seule courbe analytique, définie par l'équation

$$p = -\frac{\partial \Psi(v, \mathrm{T_0})}{\partial v},$$

dont certaines parties sont courbes de compressibilité d'états réels de la matière, tandis que d'autres parties, ayant une signification purement analytique, correspondent à l'état idéal de James Thomson.

Dans l'équation de l'isotherme théorique, le paramètre $\mathrm{T_0}$ figure analytiquement ; lorsqu'on fait varier $\mathrm{T_0}$, l'isotherme théorique se déforme et se déplace d'une manière continue, et lorsque $\mathrm{T_0}$, en croissant, traverse la température critique Θ, il n'y a aucune interruption dans la continuité de cette déformation et de ce déplacement.

C'est cette dernière conséquence du deuxième principe de la continuité de l'état liquide et de l'état gazeux, et non le principe lui-même, que M. James Thomson ([1]) avait énoncé.

La *fig.* 26 représente les isothermes de l'acide carbonique à quelques températures ; les parties marquées en traits pleins résultent des expériences d'Andrews ; les parties pointillées, des formules de Clausius, dont nous parlerons plus loin.

Cette figure met en évidence la déformation continue admise par M. James Thomson.

A une température supérieure au point critique, l'*isotherme théorique* représente la courbe de compressibilité d'un état du corps qui est *réalisable* et *stable*.

Il n'en est plus de même pour l'isotherme théorique relative à une température inférieure au point critique (*fig.* 25). Les deux segments ΩA, DE sont tels, que chacun de leurs points correspond à un état *réalisable* et *stable* du corps ; mais les points des seg-

([1]) J. Thomson, *Proceedings of the Royal Society of London.* Nov. 1871.

ments AB, CD correspondent à des états du corps *réalisables*, il est vrai, mais *instables* et ne pouvant être observés que moyennant certaines précautions ; quant au segment BC, chacun de ses points correspond à un état idéal *qui n'est nullement réalisable.*

Supposons que l'on détende le corps à température constante T_0, dans des conditions telles que les états stables puissent seuls être

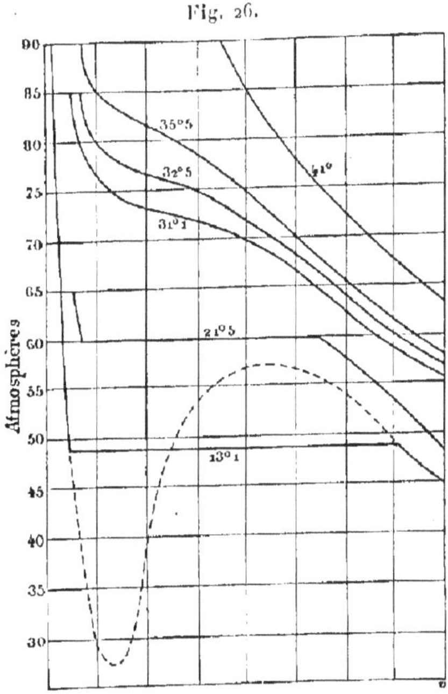

Fig. 26.

obtenus ; dans le plan des (p, v), le point figuratif va suivre un chemin que nous nommerons avec Clausius *l'isotherme pratique à la température* T_0.

Le volume spécifique partant de $\Omega(T_0)$ pour croître jusqu'à $v_2[\varpi(T_0), T_0]$, l'état liquide du corps est stable. Le point figuratif décrit la branche ΩA (*fig.* 27) commune à l'isotherme théorique et à l'isotherme pratique ; la pression descend de $+\infty$ à $\varpi(T_0)$.

Si l'on faisait croître le volume spécifique du liquide au delà de $v_2[\varpi(T_0), T_0]$, l'état liquide cesserait de représenter un état d'équilibre stable. D'après l'hypothèse faite, le système ne peut

plus se présenter à l'état de liquide homogène ; pour qu'il puisse
atteindre un état d'équilibre stable, il faut qu'une partie du liquide
se vaporise.

Le corps n'étant plus homogène, il n'y a plus lieu de parler de
son volume spécifique ; mais on peut définir son *volume spéci-*

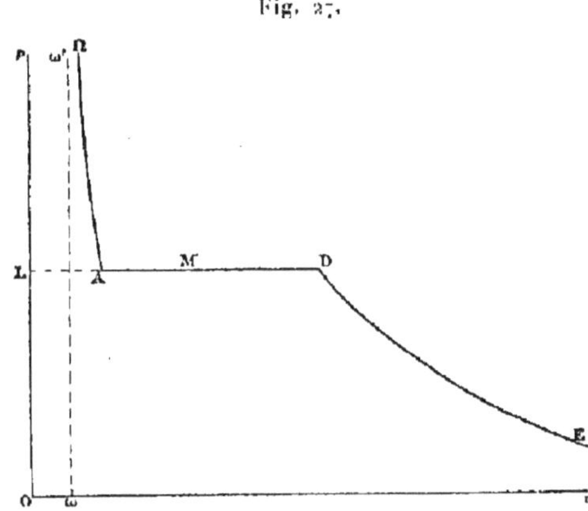

fique moyen. Si M est sa masse totale, et V le volume total qu'il
occupe, ce volume spécifique moyen est le rapport

$$u = \frac{V}{M}.$$

Il est aisé de voir que l'état du système, divisé ainsi en deux
masses séparément homogènes, l'une de liquide, l'autre de vapeur
saturée, est défini, à chaque température T_0, si l'on donne sa
masse M et son volume spécifique moyen u.

Si l'on désigne, en effet, par m_1 et m_2 les masses de vapeur et
de liquide qu'il renferme, on aura, pour déterminer ces masses
m_1, m_2, les deux équations

$$(19) \qquad \begin{cases} m_1 v_1[\varpi(T_0), T_0] + m_2 v_2[\varpi(T_0), T_0] = M u, \\ m_1 + m_2 = M. \end{cases}$$

Supposons donc que l'on fasse croître le volume spécifique
moyen u depuis la valeur $v_2[\varpi(T_0), T_0]$. Le corps se sépare en
deux masses, l'une de liquide, l'autre de vapeur, déterminées par

les équations précédentes. La pression demeure constamment égale à $\varpi(T_0)$. Le point figuratif M décrit une parallèle AD à l'axe des volumes (*fig.* 27).

Il en est ainsi jusqu'au moment où u atteint la valeur $v_1[\varpi(T_0), T]$. À ce moment, les équations précédentes donnent

$$m_2 = 0, \qquad m_1 = M.$$

Le corps est entier réduit en vapeur; cet état de vapeur homogène est un état d'équilibre stable.

Si l'on continue à faire croître v, le point figuratif décrit la branche DE, commune à l'isotherme théorique et à l'isotherme pratique.

Ainsi, *au-dessus du point critique, l'isotherme pratique coïncide avec l'isotherme théorique; mais, au-dessous du point critique, l'isotherme pratique se compose de deux branches* QA, DE *de l'isotherme théorique, reliées l'une à l'autre par une parallèle AD à l'axe des volumes; l'ordonnée de cette parallèle mesure la tension de vapeur saturée; lorsque le point figuratif décrit cette parallèle, le système n'est pas homogène: une partie de sa masse est à l'état liquide, une autre partie à l'état de vapeur saturée.*

Le point figuratif étant en M, sur la droite AD, cherchons la valeur du rapport

$$x = \frac{m_1}{m_2}.$$

de la masse de la vapeur à la masse du liquide.

Les équations (19) nous donnent, pour déterminer x,

$$x\, v_1[\varpi(T_0), T_0] + v_2[\varpi(T_0), T_0] = (1 + x)u$$

ou bien

$$x = \frac{u - v_2[\varpi(T_0), T_0]}{v_1[\varpi(T_0), T_0] - u}.$$

Soit L le point où la droite AD rencontre l'axe Op (*fig.* 27). On a

$$LA = v_2[\varpi(T_0), T_0],$$
$$LM = u,$$
$$LD = v_1[\varpi(T_0)].$$

et, par conséquent,

$$MA = u - v_2[\varpi(T_0), T_0],$$
$$MD = v_1[\varpi(T_0), T_0] - u,$$

ce qui donne

$$x = \frac{MA}{MD}.$$

Lorsque le point M se déplace sur la droite AD, le rapport de la masse de vapeur que renferme le système à la masse de liquide qu'il contient est marqué par le rapport de la longueur MA à la longueur MD.

Dans le plan des (p, v), traçons les isothermes pratiques (*fig.* 28)

$$\Omega ADE, \quad \Omega'A'D'E', \quad \Omega''A''D''E'', \quad \ldots,$$

relatives aux températures

$$T_0, \quad T_0', \quad T_0'', \quad \ldots$$

Fig. 28.

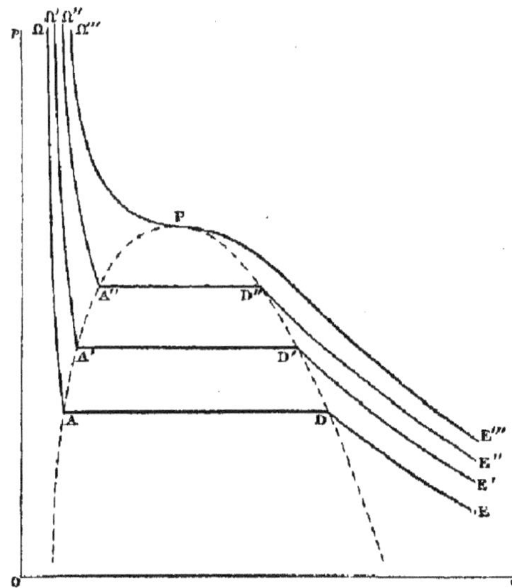

Traçons la courbe lieu des points A, A', A'', ...; cherchons quelle est l'équation de cette courbe.

Les coordonnées d'un point de cette courbe sont :

Comme ordonnée, la tension de vapeur saturée $\varpi(T)$ à la température T ;

Comme abscisse, le volume spécifique $c_2[\varpi(T), T]$ du liquide sous tension de vapeur saturée.

L'équation de la courbe $AA'A''\ldots$ résulte donc de l'élimination de T entre les équations

$$p = \varpi(T),$$
$$c = c_2[\varpi(T), T].$$

De même, l'équation de la courbe lieu des points $D, D', D'', \ldots$ résulte de l'élimination de T entre les équations

$$p = \varpi(T),$$
$$c = c_1[\varpi(T), T].$$

Pour la température Θ du point critique, on a

$$c_1[\varpi(\Theta), \Theta] = c_2[\varpi(\Theta), \Theta] = u,$$

u étant le volume critique. Les deux courbes $AA'A''\ldots$ et $DD'D''\ldots$ viennent donc se réunir en un point P, situé sur l'isotherme relative à la température critique, ce point P ayant pour abscisse le volume critique u et pour ordonnée la pression critique $\varpi(\Theta)$.

Le coefficient angulaire de la tangente à la courbe $AA'A''\ldots$ a pour valeur

$$\alpha = \frac{\dfrac{d\,\varpi(T)}{dT}}{\dfrac{d\,c_2[\varpi(T), T]}{dT}}.$$

Si l'on envisage seulement les températures supérieures au maximum de densité, pour les liquides qui en présentent un, les deux termes de ce rapport sont positifs ; α est donc positif, et la courbe $AA'A''\ldots$ s'élève constamment de gauche à droite.

Le coefficient angulaire de la tangente à la courbe $DD'D''\ldots$ a pour valeur

$$\delta = \frac{\dfrac{d\,\varpi(T)}{dT}}{\dfrac{d\,c_1[\varpi(T), T]}{dT}}.$$

Pour toutes les vapeurs connues, le numérateur de ce rapport est positif et le dénominateur négatif; δ est donc négatif, et la courbe $DD'D''$... s'élève constamment de droite à gauche.

Lorsque T tend vers la température critique Θ, $\dfrac{d\,\varpi(T)}{dT}$ tend vers une limite finie $\dfrac{d\Theta}{d\Theta}$; $\dfrac{d\,v_2[\varpi(T),T]}{dT}$ croît au delà de toute limite; $\dfrac{d\,v_1[\varpi(T),T]}{dT}$ est négatif, et sa valeur absolue croît au delà de toute limite; les deux quantités α et δ tendent vers zéro, la première par valeurs positives, la seconde par valeurs négatives.

Les deux courbes que nous venons de considérer se raccordent donc au point P; leur tangente, commune en ce point, est horizontale.

L'ensemble de ces deux courbes forme une seule courbe analytique, dont l'équation s'obtient en éliminant T entre les deux équations

$$p = \varpi(T),$$

$$v = \frac{\partial \Psi(p,T)}{\partial p}.$$

Si nous prenons un point M du plan des (p, v) (*fig.* 29) à l'intérieur de la courbe APD, et si nous voulons que ce point soit le

Fig. 29.

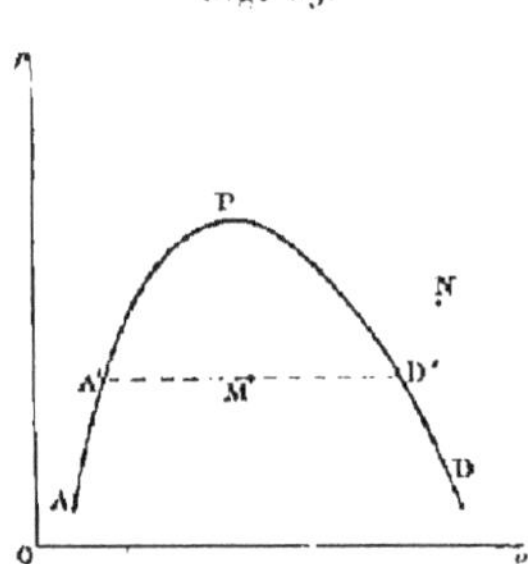

point figuratif d'un état *observable* et *stable* du système, il correspondra forcément à un état *hétérogène*, où le système renfermera à la fois du liquide et de la vapeur. Si m_1 est la masse de vapeur et m_2 la masse de liquide qu'il renferme, on aura, comme nous l'avons vu tout à l'heure,

$$x = \frac{m_1}{m_2} = \frac{MA'}{MD'},$$

A'D' étant la parallèle à Ov menée par le point M.

Si nous prenons, au contraire, un point N, extérieur à la courbe APD, l'état *observable* et *stable* du système dont ce point est le point figuratif est un état *homogène*.

L'isotherme théorique relative à la température T_0 a pour équation

$$v = \frac{\partial \Psi'(p, T_0)}{\partial p}.$$

Envisageons, en particulier, l'isotherme théorique relative à la température critique Θ; pour cette isotherme, nous aurons

$$\frac{\partial v(p, \Theta)}{\partial p} = \frac{\partial^2 \Psi'(p, \Theta)}{\partial p^2}.$$

La quantité $\dfrac{\partial v}{\partial p}$ est toujours négative pour un fluide quelconque pris dans un état observable quelconque; elle ne peut être positive que pour l'état idéal de James Thomson; comme cet état ne peut correspondre qu'aux températures inférieures au point critique, nous sommes assuré que $\dfrac{\partial v}{\partial p}$ est négatif tout le long de l'isotherme théorique relative à la température critique. Cette isotherme descend sans cesse de gauche à droite.

$\dfrac{\partial v}{\partial p}$ est toujours fini, sauf lorsque la température, le volume spécifique et la pression sont la température, le volume et la pression critique; dans ce cas particulier, nous savons que

$$\frac{\partial^2 \Psi'(p, T)}{\partial p^2}$$

devient infini; la tangente à l'isotherme théorique du point critique n'est donc horizontale qu'en un seul point, au point que, dans la *fig.* 28, nous avons désigné par P.

De là on conclut sans peine le théorème suivant, qui est dû à M. Sarrau ([1]):

---

[1] SARRAU, *Sur la compressibilité des gaz* (*Comptes rendus*, t. XCIV, p. 639; 1882).

L'isotherme relative à la température critique présente un point d'inflexion dont la tangente est horizontale; ce point a pour coordonnées le volume critique et la pression critique.

Au point P, l'isotherme relative à la température critique est tangente à la courbe AA'...P...D'D. Si l'on observe que tout point intérieur à la courbe APD représente un état stable hétérogène du système, tandis que tout point de l'isotherme critique cor-

Fig. 30.

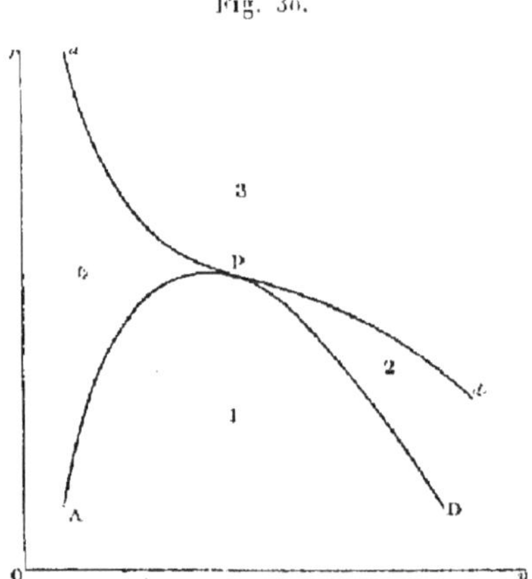

respond à un état stable homogène, on voit que l'isotherme critique aP d (*fig.* 30) doit être en entier à l'extérieur de la courbe APD.

Considérons ces deux courbes. Elles partagent le plan des (p, v) en quatre régions. Un plan du point des (p, v) représente un et un seul état *observable* et *stable* du système.

Si le point figuratif est dans la région **1**, ou APD, l'état du système est un état hétérogène, formé de liquide et de vapeur; nous savons suivant quelle règle on détermine le rapport de la masse de la vapeur à la masse du liquide.

Si le point figuratif est dans la région **2**, ou DP d, l'état du système est l'état de vapeur homogène.

Si le point figuratif est dans la région **3**, située au-dessous de l'isotherme aP d, l'état du système est un état gazeux homogène.

Si le point figuratif est dans la région **4**, ou aPA, l'état du système est un état liquide homogène.

La considération de ces courbes permet de discuter les phénomènes qui se produisent lorsqu'on chauffe, sous volume constant, un système formé de liquide et de vapeur saturée.

Lorsque le volume est maintenu constant, le volume spécifique, vrai ou moyen, demeure aussi constant. Le point figuratif se déplace donc sur une parallèle à la droite Op. Deux cas sont à dis-

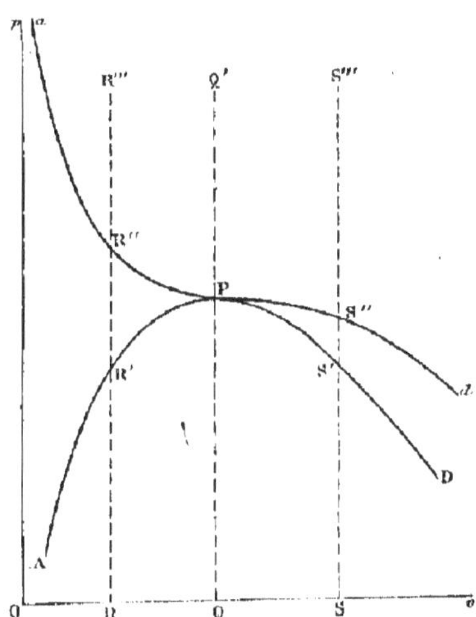

Fig. 31.

linguer selon que cette parallèle est à droite ou à gauche de la parallèle QQ' (*fig.* 31) à la droite Op menée par le point P.

Considérons, en premier lieu, le cas où la droite SS''', sur laquelle se meut le point figuratif, est située à droite de la ligne QQ'. Le système est d'abord formé de liquide et de vapeur; au fur et à mesure que la température s'élève, la pression, toujours égale à la tension de vapeur saturée, s'élève aussi; la masse du liquide diminue et la masse de la vapeur augmente. Au moment où le point figuratif traverse en S' la ligne APD, le système ne renferme plus de liquide; il ne renferme plus qu'une masse homogène de vapeur dont la pression croît avec la température. Lorsqu'on atteint la température critique Θ, la ligne SS''' traverse, en S'', l'isotherme aPd; à ce moment, la vapeur homogène se transforme en gaz homogène sans discontinuité.

Considérons, en second lieu, le cas où la droite RR''', sur laquelle se meut le point figuratif, est située à gauche de la ligne QQ'. Le système est d'abord formé de liquide et de vapeur; au fur et à mesure que la température s'élève, la pression, toujours égale à la tension de vapeur saturée, s'élève aussi; la masse de la vapeur diminue et la masse du liquide augmente. Au moment où le point figuratif traverse en R' la ligne APD, le système ne renferme plus de vapeur; il ne renferme plus qu'une masse homogène de liquide dont la pression croît avec la température. Lorsqu'on atteint la température critique Θ, la ligne RR''' traverse, en S'', l'isotherme aPd; à ce moment, le liquide homogène se transforme en gaz homogène sans discontinuité.

On sait que l'on construit des tubes en verre remplis d'acide carbonique, dits *tubes de Natterer*, qui présentent ces deux sortes de phénomènes.

§ VI. — Théorème de Clausius.

Supposons que l'on connaisse l'équation

$$p = f(v, T)$$

qui définit, à chaque température T, l'isotherme théorique relative à cette température; les deux variables v et T définissant sans ambiguïté l'état du système, cette équation doit donner p en fonction *uniforme* de v et de T.

Pour toutes les valeurs de v et de T qui correspondent à des états réalisables du corps, cette équation définit les lois de compressibilité et de dilatation du corps.

Quels renseignements pouvons-nous tirer, pour la connaissance du corps, de l'étude de cette équation?

Connaissant l'isotherme $\Omega ABCDE$ (*fig.* 32) relative à une certaine température, si l'on savait placer la droite AD, on connaîtrait:

1° La tension de vapeur saturée $\varpi(T)$, représentée par l'ordonnée αA du point A;

2° Le volume spécifique du liquide sous tension de vapeur saturée

$$v_2[\varpi(T), T],$$

représenté par l'abscisse $O\alpha$ du point A;

3° Le volume spécifique de la vapeur saturée

$$c_1[\varpi(T), T],$$

représenté par l'abscisse $O\beta$ du point B ;

Fig. 32.

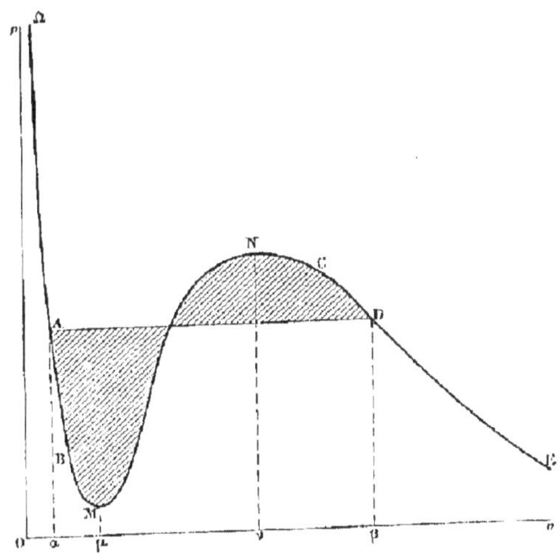

4° Si l'on sait ainsi déterminer à toute température T les quantités

$$\varpi(T),$$
$$c_1[\varpi(T), T],$$
$$c_2[\varpi(T), T],$$

on saura calculer la chaleur de vaporisation par la formule de Clapeyron et de Clausius,

$$L(T) = \frac{T}{E}\{c_1[\varpi(T), T] - c_2[\varpi(T), T]\}\frac{d\varpi(T)}{dT}.$$

On voit par là combien serait grande l'importance d'une règle permettant de placer la droite AD.

Cette règle a été donnée par Clausius, en 1879 (¹). On peut la justifier de la manière suivante.

____

(¹) CLAUSIUS, *Wiedemann's Annalen der Physik und Chemie*, t. IX, p. 127; 1879; — *Annales de Chimie et de Physique*, 5ᵉ série, t. X, p. 358.

La tension de vapeur saturée à la température T est donnée par l'équation

$$(13) \qquad \Psi'_1(\varpi, T) = \Psi'_2(\varpi, T).$$

Cette équation peut encore s'écrire

$$\Psi_1[v_1(\varpi, T), T] + \varpi v_1(\varpi, T) = \Psi_2[v_2(\varpi, T), T] + \varpi v_2(\varpi, T).$$

Mais, d'après le principe de James Thomson, $\Psi(v, T)$ est une fonction analytique *uniforme* de v pour toutes les valeurs de v comprises entre v_1 et v_2. On peut donc écrire

$$\Psi_1[v_1(\varpi, T), T] - \Psi_2[v_2(\varpi, T), T] = \int_{v_2(\varpi, T)}^{v_1(\varpi, T)} \frac{\partial \Psi(v, T)}{\partial v}\, dv,$$

et l'égalité précédente devient

$$\int_{v_2(\varpi, T)}^{v_1(\varpi, T)} \frac{\partial \Psi(v, T)}{\partial v}\, dv + \varpi[v_1(\varpi, T) - v_2(\varpi, T)] = 0.$$

L'équation de la courbe $\Omega\,ABCDE$ est

$$p = - \frac{\partial \Psi(v, T)}{\partial v}.$$

L'égalité précédente peut donc prendre la forme définitive

$$(20) \qquad \int_{v_2(\varpi, T)}^{v_1(\varpi, T)} p\, dv - \varpi[v_1(\varpi, T) - v_2(\varpi, T)] = 0.$$

L'interprétation de cette équation conduit à la règle suivante pour placer la droite AD :

Entre la droite AD et la courbe ABCD se trouve une aire close que la droite AD décompose en deux parties : l'une, $\mathcal{A}_1$, dont tous les points sont au-dessus de AD; l'autre, $\mathcal{A}_2$, dont tous les points sont au-dessous de AD. La droite AD est placée de telle sorte que

$$(21) \qquad \mathcal{A}_1 = \mathcal{A}_2.$$

Aux températures inférieures au point critique, il existe certainement une droite AD satisfaisant à la condition (21). En effet, nous avons vu que les parties réalisables de l'isotherme théorique se composaient de deux branches ΩB, CE descendant de gauche à droite, la seconde issue d'un point C plus élevé que le point B où aboutit la première. La courbe continue qui relie le point B au point C présente donc une ordonnée μM plus petite que toutes les autres et une ordonnée νN plus grande que toutes les autres.

Si l'on donne à la droite AD l'ordonnée μM, on a

$$\mathcal{A}_1 > 0, \qquad \mathcal{A}_2 = 0.$$

Si la droite AD s'élève d'une manière continue, $\mathcal{A}_1$, $\mathcal{A}_2$ varient d'une manière continue.

Lorsque la droite AD prend l'ordonnée νN, on a

$$\mathcal{A}_1 = 0, \qquad \mathcal{A}_2 > 0.$$

Il se rencontre donc, entre ces deux positions extrêmes, au moins une position de la droite AD pour laquelle l'égalité (21) est vérifiée.

N'y aura-t-il qu'une seule position de la droite AD vérifiant la condition (21)?

Si l'isotherme théorique ne présente qu'un seul point M d'ordonnée minimum et un seul point N d'ordonnée maximum, on sera assuré qu'une seule position de la droite AD pourra vérifier l'équation (21); car, lorsque l'ordonnée de la droite AD variera, en croissant, de μM à νN, l'aire $\mathcal{A}_2$ ira sans cesse croissant et l'aire $\mathcal{A}_1$ sans cesse en décroissant. Ces deux aires ne pourront donc devenir qu'une seule fois égales entre elles.

Nous admettrons qu'aux températures inférieures au point critique, l'isotherme théorique ne présente qu'un seul point d'ordonnée maxima et qu'un seul point d'ordonnée minima. Nous serons alors assuré que la règle de Clausius détermine la tension de vapeur saturée en fonction *uniforme* de la température.

Au point d'ordonnée maxima et au point d'ordonnée minima, la tangente à l'isotherme théorique est parallèle à l'axe Ov; on a donc en ces points

$$\frac{\delta p}{\delta v} = 0.$$

Nous admettrons que ce sont là les seuls points où la tan-

gente à l'isotherme théorique soit horizontale. Dès lors, la quantité $\frac{\partial p}{\partial v}$ sera négative en tous points des arcs ΩM, NE, et positive en tout point de l'arc MN.

Nous avons vu que l'isotherme théorique relative à la température critique présentait un point d'inflexion dont la tangente était horizontale et que les coordonnées de ce point étaient la pression

Fig. 33.

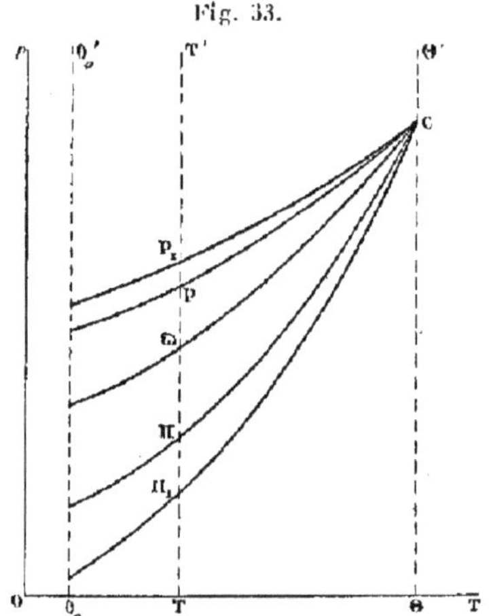

critique et le volume critique; il résulte de ce qui vient d'être admis qu'aucune autre isotherme théorique ne peut présenter un point d'inflexion dont la tangente soit horizontale. On obtiendra donc sans ambiguïté la température critique, le volume critique et la pression critique, en résolvant les trois équations

$$(22) \quad \begin{cases} f(u, \theta) = \Phi, \\ \dfrac{\partial f(u, \theta)}{\partial u} = 0, \\ \dfrac{\partial^2 f(u, \theta)}{\partial u} = 0, \end{cases}$$

qui expriment que l'isotherme théorique relative à la température Θ passe au point (u, Φ) et y a un point d'inflexion dont la tangente est horizontale. Ainsi se trouve justifiée la méthode employée par M. Sarrau pour obtenir les données critiques au moyen de la loi qui lie le volume spécifique, la pression et la température.

Reprenons le plan des (p, T) (*fig*. 33). Traçons-y la courbe ϖC qui donne les tensions de vapeur saturée, et les diverses courbes que nous avons constamment désignées par HC, PC, $H_1 C$, $P_1 C$.

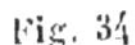

Fig. 34.

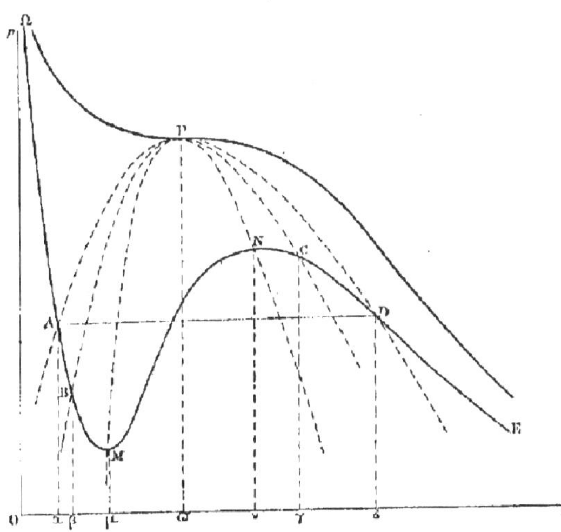

Cherchons, d'après les propriétés de l'isotherme théorique, comment doivent être disposées ces diverses courbes.

Prenons (*fig*. 34) l'isotherme théorique relative à la température T. Soit $\Omega ABCDE$ cette courbe.

L'ordonnée commune des points A et D représente la tension de vapeur saturée à la température T.

D'après la signification attribuée aux deux points B, C, l'ordonnée βB représente la pression représentée, dans la *fig*. 33, par TH; l'ordonnée γC représente la pression représentée, dans la *fig*. 33, par TP.

Lorsque le point figuratif décrit l'arc d'isotherme ΩAB, le volume spécifique $v_2(p, T)$ du liquide est fonction analytique uniforme de p et de T. Cette fonction demeure analytique jusqu'au moment où le point figuratif arrive en M. Mais, à ce moment, $\frac{\partial v}{\partial p}$ devient infini, et cette fonction cesse d'être analytique.

Ainsi $v_2(p, \mathrm{T})$ est, fonction analytique de p et de T lorsque p varie de $+\infty$ à $\mu\mathrm{M}$.

La fonction $\Psi(v, \mathrm{T})$ est une fonction analytique uniforme. Si nous considérons la fonction

$$\Psi(v, \mathrm{T}) + pv,$$

et si nous y remplaçons v par $v_2(p, \mathrm{T})$, nous obtiendrons une fonction de p et de T qui, lorsque p sera compris entre $+\infty$ et $\mu\mathrm{M}$, sera analytique et uniforme.

Or, lorsque p varie de $+\infty$ à $\alpha\mathrm{A}$, cette fonction coïncide avec $\Psi_2'(p, \mathrm{T})$; lorsque p varie de $\alpha\mathrm{A}$ à $\beta\mathrm{B}$, cette fonction coïncide avec $\psi_2'(p, \mathrm{T})$; on voit donc que ces deux dernières fonctions se prolongent analytiquement jusqu'à ce que $p = \mu\mathrm{M}$, mais point au delà. L'ordonnée $\mu\mathrm{M}$ représente donc, dans la *fig*. 34, la pression qui est représentée dans la *fig*. 33 par TH_1.

On verrait de même que l'ordonnée $\nu\mathrm{N}$ représente, dans la *fig*. 34, la pression qui est représentée dans la *fig*. 33 par TP_1.

L'isotherme théorique relative à la température T est représentée par l'équation

$$p = -\frac{\partial\,\Psi(v, \mathrm{T})}{\partial v}.$$

Aux points figuratifs M et N, on doit avoir

$$\frac{\partial p}{\partial v} = 0,$$

ou

$$\frac{\partial^2\,\Psi(v, \mathrm{T})}{\partial v^2} = 0.$$

Si donc, entre les deux équations

$$(23) \quad \begin{cases} \dfrac{\partial\,\Psi(v, \mathrm{T})}{\partial v} = -p, \\[2mm] \dfrac{\partial^2\,\Psi(v, \mathrm{T})}{\partial v^2} = 0, \end{cases}$$

on élimine v, on obtiendra l'équation du lieu des points P_1, H_1, dans le plan des (p, T) (*fig*. 33).

Si, entre ces mêmes équations (23), on élimine T, on obtiendra l'équation du lieu des points M, N dans le plan des (p, v) (*fig*. 34).

Si l'on désigne par Θ, u, $\mathfrak{P}$, la température, le volume et la pression critiques, on aura

$$\mathfrak{P} = -\frac{\partial \Psi(u, \Theta)}{\partial u},$$

$$0 = -\frac{\partial^2 \Psi(u, \Theta)}{\partial u^2}.$$

Donc, dans le plan des (p, v) (*fig.* 34), le lieu des points M, N passe par le point P; dans le plan des (p, T) (*fig.* 33), le lieu des points Π_1, P_1 passe par le point C.

Le lieu des points B, C (*fig.* 34) passera aussi par le point P, car il est toujours compris entre les courbes APB et MPN. Le lieu des points P, Π (*fig.* 33) passera aussi par le point C, car la courbe PC est toujours comprise entre les courbes ϖC et P_1C; la courbe ΠC est toujours comprise entre les courbes ϖC et Π_1C. Le développement même de la théorie nous montre donc que les courbes lieux des points P, Π, P_1, Π_1, passent au point C, ce qui répond à une question posée ci-dessus (p. 29).

§ VII. — Représentation géométrique du principe de James Thomson.

Pour toute valeur de T supérieure à θ_0 et pour toute valeur de v supérieure à $\Omega(T)$, il existe une fonction analytique uniforme $\Psi(v, T)$ qui coïncide avec le potentiel thermodynamique interne du système pour toute position du point figuratif (v, T) qui correspond à un état homogène réalisable; tel est le principe auquel nous avons donné le nom de *principe de James Thomson*.

Entre les deux équations

$$\Phi = \Psi(v, T) + pv,$$

$$p = -\frac{\partial \Psi(v, T)}{\partial v},$$

éliminons la variable v; nous obtiendrons une équation nous donnant Φ en fonction, uniforme ou non, de p et de T. Cette fonction $\Phi(p, T)$ coïncidera évidemment avec la fonction $\Psi'(p, T)$ déjà étudiée et représentée par la *fig.* 11 pour toutes les valeurs de p obtenues en remplaçant v et T, dans l'équation

$$p = -\frac{\partial \Psi(v, T)}{\partial v},$$

par les coordonnées d'un point extérieur à la courbe U u Υ (*fig*. 35).

Lorsque, dans l'équation

$$p = - \frac{\partial \Psi(v, T)}{\partial v},$$

on remplace v et T par les coordonnées d'un point intérieur à la courbe U u Υ, on obtient une nouvelle nappe de la fonction $\Phi(p, T)$, nappe qui représente le *potentiel thermodynamique*

Fig. 35.

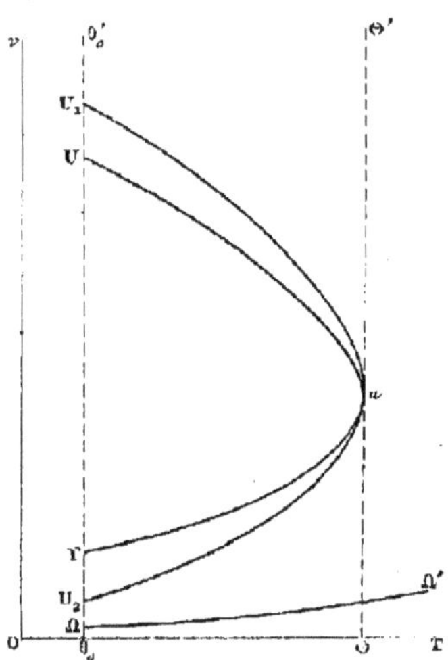

sous pression constante de l'état idéal de *James Thomson*. C'est cette nappe qu'il s'agit maintenant d'étudier et d'ajouter à la *fig*. 11, de manière que la nouvelle figure obtenue nous représente complètement la fonction

$$y = \Phi(p, T).$$

La nouvelle nappe n'existe qu'aux températures inférieures au point critique; étudions donc la section de la surface par le plan

$$T = T_0,$$

T_0 étant compris entre θ_0 et Θ.

Pour cela, considérons l'isotherme relative à la température T_0 (*fig*. 36). Soit M le point où l'ordonnée de cette courbe passe par un minimum; soit N le point où elle passe par un maximum;

Fig. 36.

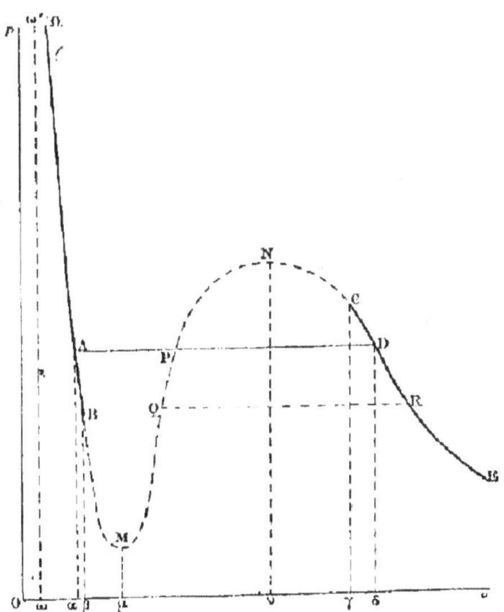

soit enfin P le point où cette courbe rencontre la droite AD dont l'ordonnée est égale à la tension de vapeur saturée.

Pour toutes les valeurs de p inférieures à μM ou supérieures à νN, le corps se présente sous un seul état, qui est réel et stable; la fonction $\Phi(p, T)$ admet une seule détermination.

Au contraire, pour les valeurs de p comprises entre μM et νN, le corps se présente sous trois états réels et stables, ou réels et instables, ou irréalisables. La fonction $\Phi(p, T)$ admet trois déterminations.

Supposons que la pression p parte de o et croisse jusqu'à μM. La fonction $\Phi(p, T)$ admet une seule détermination, $\Psi_1(p, T)$.

Dans le plan de la section considérée, le point figuratif décrit une ligne $V\mu$ (*fig*. 37), faisant partie de la courbe $V\varpi'$ déjà représentée dans la *fig*. 10.

Au moment où la pression p atteint la valeur μM, la fonction

$\Phi(p, \mathrm{T})$ acquiert trois déterminations. Il en est une qui continue analytiquement la précédente; c'est la dermination $\Psi''_1(p, \mathrm{T})$ relative à la vapeur prise à l'état stable; lorsque la pression p croît de $\mu\mathrm{M}$ à $\alpha\mathrm{A} = \varpi(\mathrm{T})$, le point qui représente cette détermination continue à décrire la branche de courbe $\mu\varpi'$ (*fig.* 37) déjà représentée dans la *fig.* 10.

La pression croît ensuite de $\varpi(\mathrm{T})$ jusqu'à la valeur $\gamma\mathrm{C} = \mathrm{P}$.

Il est encore une détermination de la fonction $\Phi(p, \mathrm{T})$ qui continue analytiquement celle que nous venons d'étudier; c'est la dé-

Fig. 37.

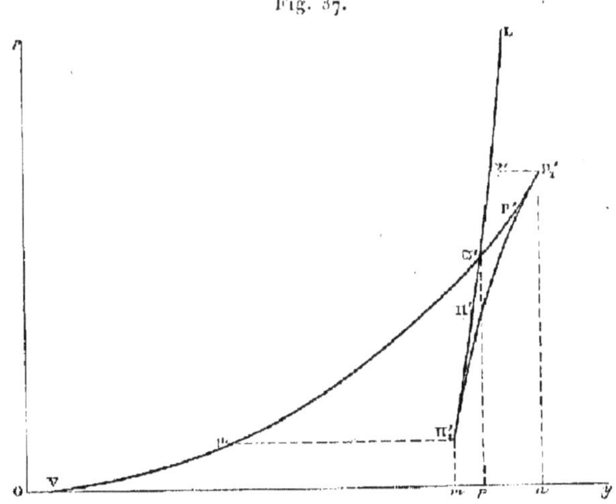

termination $\Psi'_1(p, \mathrm{T})$ relative à l'état instable de la vapeur. Le point figuratif qui représente cette détermination décrit la branche de courbe $\varpi'\mathrm{P}'$.

Lorsque la pression dépasse cette valeur $\mathrm{P} = \gamma\mathrm{C}$ et croît jusqu'à la valeur $\mathrm{P}_1 = \nu\mathrm{N}$, nous savons qu'il existe encore une détermination de la fonction $\Phi(p, \mathrm{T})$ qui continue analytiquement la précédente. Le point figuratif décrit la branche de courbe $\mathrm{P}'\mathrm{P}'_1$ (*fig.* 37). La forme de la courbe VP''_1 a été étudiée au § 2 et représentée dans la *fig.* 10. Il est donc inutile de reprendre ici cette étude.

La valeur $\nu\mathrm{N} = \mathrm{P}_1$ de la pression correspond à un raccordement entre deux déterminations de $\Phi(p, \mathrm{T})$: la détermination relative aux états du système représentés, dans le plan des (p, v) (*fig.* 36), par l'arc EDCN (c'est la détermination que nous venons d'étudier) et la détermination relative aux états du système représentés, dans le plan des (p, v), par l'arc NPM. Le point P'_1 est donc le point où se rejoignent deux branches de la courbe que nous étudions.

Pour étudier la nouvelle détermination, nous allons faire décroître p de $\nu N = P'_1$ à $\mu M = \Pi_1$, le volume variant de manière que le point figuratif (p, v) décrive l'arc NPM (*fig.* 36).

Le long de l'arc NPM, il n'existe aucun état du système pour lequel la fonction $\Phi(p, T)$ ait la même valeur que pour un état situé sur l'arc EDCN, et ayant même ordonnée.

Supposons, en effet, qu'il existe un point Q sur l'arc MN et un point R, de même ordonnée, sur l'arc EN, tels que

$$\Phi(Q) = \Phi(R).$$

En reproduisant le raisonnement qui nous a servi à prouver le théorème de Clausius, on démontrerait que l'aire QNRQ est nulle, ce qui est évidemment absurde.

La valeur de $\Phi(p, T)$ qui correspond à un point quelconque de l'arc NM est donc ou toujours plus petite, ou toujours plus grande, que la valeur de $\Phi(p, T)$ qui correspond au point de même ordonnée sur l'arc EN. Aux divers points de l'arc NM (*fig.* 36) correspond un arc de courbe $P'_1 \Pi_1$ (*fig.* 37) situé ou tout entier à gauche, ou tout entier à droite, de l'arc VP'_1, et ne rencontrant jamais ce dernier, sauf au point P'_1. Nous verrons tout à l'heure que l'arc $\Pi'_1 P'_1$ est tout entier à droite de l'arc VP'_1.

Au point N, les deux déterminations de v, c'est-à-dire de $\dfrac{\partial \Phi(p, T)}{\partial p}$, étant égales entre elles, on voit qu'au point P'_1 (*fig.* 37), les deux arcs VP'_1, $P'_1 \Pi'_1$ ont la même tangente; ils se raccordent en formant un point de rebroussement de la courbe étudiée.

Le long de l'arc NM (*fig.* 36), $\dfrac{\partial v}{\partial p}$, c'est-à-dire $\dfrac{\partial^2 \Phi(p, T)}{\partial p^2}$, est constamment négatif. La courbe $\Pi'_1 P'_1$ tourne donc constamment sa concavité vers l'axe des y. La courbe VP'_1 tourne au contraire sa convexité vers cet axe, ce qui exige, comme nous l'avions annoncé, que la courbe VP'_1 soit à gauche de le courbe $\Pi'_1 P'_1$.

Le point figuratif décrit l'arc $P'_1 \Pi_1$ jusqu'au moment où la pression prend la valeur $\mu M = H_1$. A ce moment, la détermination de $\Phi(p, T)$ que nous étudions vient se raccorder avec la troisième détermination de $\Phi(p, T)$, avec celle qui est relative aux états du système représentés par l'arc MBAΩ (*fig.* 36).

Dans le plan By (*fig.* 37), le point figuratif, partant du point H'_1 tangentiellement à $P_1 H'_1$, monte de gauche à droite en restant constamment à gauche de $H'_1 P'_1$. Il décrit d'abord l'arc $H'_1 H'$ relatif à l'état idéal de James Thomson, puis l'arc $H' \varpi'$ relatif au liquide instable, puis l'arc illimité $\varpi' L$ relatif au liquide stable; la forme de cette courbe $H'_1 L$ a déjà été étudiée au § II et représentée dans la *fig.* 10.

Nous obtenons ainsi la forme générale de la section de la surface

$$y = \Phi(p, T)$$

par le plan

$$T = T_0.$$

Pour achever ces renseignements généraux, il ne nous reste qu'à remarquer que, au fur et à mesure que la température T_0 tend vers la température critique Θ, les trois points H'_1, ω'_1, P'_1 tendent à se réunir en un même point C.

La forme de la surface

$$y = \Phi(p, T)$$

est donc celle qui a été représentée par la *fig.* 38. Cette figure

Fig. 38.

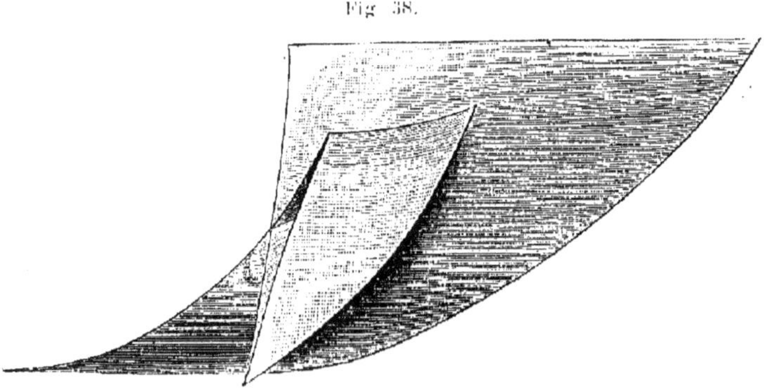

nous donne une représentation géométrique très nette des deux principes de la continuité de l'état liquide et de l'état gazeux.

CHAPITRE III.

DÉTENTE ADIABATIQUE DES VAPEURS SATURÉES.

§ I. — Chaleurs spécifiques de la vapeur saturée et du liquide soumis à la tension de vapeur saturée.

Supposons que nous ayons un système hétérogène, formé d'une masse m_1 de vapeur saturée et d'une masse m_2 de liquide. Ce système est en équilibre à la température T. Nous l'échauffons de manière à le porter à la température $(T + dT)$, en lui faisant subir des transformations réversibles quelconques. Nous nous proposons de déterminer la quantité de chaleur qu'il dégage si l'on impose à la vapeur la condition de demeurer saturée.

Si Σ désigne l'entropie du système, cette quantité de chaleur dégagée dQ est donnée par la formule

$$dQ = -\frac{1}{T} d\Sigma.$$

Soient $S_1(\varpi, T)$ l'entropie de l'unité de masse de vapeur sous la pression ϖ, à la température T, et $S_2(\varpi, T)$ l'entropie de l'unité de masse de liquide sous la même pression, à la même température. Nous aurons [égalité (5)]

$$\Sigma = m_1 S_1(\varpi, T) + m_2 S_2(\varpi, T).$$

Nous aurons d'ailleurs, d'après les propriétés générales du potentiel thermodynamique,

$$S_1(\varpi, T) = \frac{1}{E} \frac{\partial \Psi'_1(\varpi, T)}{\partial T},$$

$$S_2(\varpi, T) = -\frac{1}{E} \frac{\partial \Psi'_2(\varpi, T)}{\partial T}.$$

Ces diverses égalités nous donnent

$$(24) \qquad dQ = \frac{T}{E} d\left[m_1 \frac{\partial \Psi'_1(\varpi, T)}{\partial T} + m_2 \frac{\partial \Psi'_2(\varpi, T)}{\partial T} \right].$$

Développons cette égalité.

Dans la modification, m_1 a augmenté de dm_1 et m_2 de dm_2;

comme la masse totale

$$M = m_1 + m_2$$

du système est demeurée invariable, on a donc

$$(25) \qquad dm_1 + dm_2 = 0.$$

La température T s'est accrue de dT, et la tension de vapeur saturée ϖ de $\dfrac{d\varpi}{dT} dT$. L'égalité (24) peut donc s'écrire

$$(26) \quad
\begin{aligned}
dQ = {}& \frac{T}{E} \left\{ \left[m_1 \frac{\partial^2 \Psi'_1(\varpi, T)}{\partial T\, \partial \varpi} + m_2 \frac{\partial^2 \Psi''_2(\varpi, T)}{\partial T\, \partial \varpi} \right] \frac{d\varpi}{dT} \right. \\
& \left. + m_1 \frac{\partial^2 \Psi'_1(\varpi, T)}{\partial T^2} + m_2 \frac{\partial^2 \Psi'_2(\varpi, T)}{\partial T^2} \right\} dT \\
& + \frac{T}{E} \left[\frac{\partial \Psi'_1(\varpi, T)}{\partial T} dm_1 + \frac{\partial \Psi''_2(\varpi, T)}{\partial T} dm_2 \right].
\end{aligned}$$

Ce sont les conséquences de cette égalité (26), à laquelle doit être adjointe la condition (25), que nous allons étudier dans le présent Chapitre.

Nous allons appliquer successivement cette égalité à plusieurs cas particuliers intéressants.

Commençons par supposer que le système ne renferme de liquide ni au commencement, ni à la fin de la modification. Nous aurons alors

$$m_2 = 0, \qquad dm_2 = 0,$$

d'où il résulte, en vertu de la condition (25),

$$dm_1 = 0.$$

L'égalité (26) deviendra

$$(27) \qquad dQ = \frac{1}{E} T m_1 \left[\frac{\partial^2 \Psi''_1(\varpi, T)}{\partial T^2} - \frac{\partial^2 \Psi'_1(\varpi, T)}{\partial \varpi\, \partial T} \frac{d\varpi(T)}{dT} \right] dT.$$

Cette expression de dQ représente la quantité de chaleur que dégage la masse m_1 de vapeur sèche et saturée, qui demeure sèche et saturée tandis que sa température s'élève de dT.

Posons

$$(28) \qquad dQ = - m_1 \gamma_1 dT;$$

γ_1 sera ce que l'on nomme la *chaleur spécifique de la vapeur saturée à la température* T. D'après sa définition, γ_1 *est la quantité qui, multipliée par un accroissement infiniment petit de température* dT, *représente la quantité infiniment petite de chaleur nécessaire pour donner cet accroissement de température à l'unité de masse de vapeur saturée et sèche en la maintenant saturée et sèche.*

En comparant les égalités (27) et (28), on trouve l'expression suivante de γ_1

$$(29) \qquad \gamma_1 = -\frac{T}{E}\left[\frac{\partial^2 \Psi_1'(\varpi, T)}{\partial T^2} + \frac{\partial^2 \Psi_1'(\varpi, T)}{\partial\varpi\,\partial T}\frac{d\varpi(T)}{dT}\right].$$

Les quantités qui figurent au second membre de cette égalité peuvent s'interpréter.

Si $C_1(p, T)$ est la chaleur spécifique de la vapeur, sous la pression constante p, à la température T, les propriétés fondamentales du potentiel thermodynamique nous donnent

$$C_1(p, T) = -\frac{T}{E}\frac{\partial^2 \Psi_1''(p, T)}{\partial T^2}.$$

On a d'ailleurs

$$v_1(p, T) = \frac{\partial \Psi_1'(p, T)}{\partial p},$$

$v_1(p, T)$ étant le volume spécifique de la vapeur sous la pression p, à la température T; cette égalité donne

$$\frac{\partial^2 \Psi_1''(p, T)}{\partial p\,\partial T} = \frac{\partial v_1(p, T)}{\partial T},$$

et, par conséquent, l'égalité (29) peut encore s'écrire

$$(30) \qquad \gamma_1 = C_1(\varpi, T) - \frac{T}{E}\frac{\partial v_1(\varpi, T)}{\partial T}\frac{d\varpi(T)}{dT}.$$

Appliquons de même l'égalité (26) à l'échauffement d'un système ne renfermant de vapeur à aucun instant, mais contenant un liquide que l'on maintient sans cesse soumis à une pression égale à la tension de vapeur saturée. Nous aurons alors

$$m_1 = 0, \qquad dm_1 = 0,$$

et, par conséquent, d'après l'égalité (25).

$$dm_2 = 0.$$

L'égalité (26) deviendra donc

$$dQ = \frac{1}{E}\, T\, m_2 \left[\frac{\partial^2 \Psi'_2(\varpi, T)}{\partial T^2} + \frac{\partial^2 \Psi'_2(\varpi, T)}{\partial \varpi\, \partial T}\, \frac{d\varpi(T)}{dT} \right] dT.$$

Posons

$$dQ = -\, m_2 \gamma_2\, dT\,;$$

γ_2 sera *la chaleur spécifique du liquide sous tension de vapeur saturée à la température* T. Cette quantité, qui est susceptible d'une définition analogue à celle que nous avons donnée de la quantité γ_1, a, d'après sa définition, la valeur suivante :

$$(31) \qquad \gamma_2 = -\, \frac{T}{E} \left[\frac{\partial^2 \Psi'_2(\varpi, T)}{\partial T^2} + \frac{\partial^2 \Psi'_2(\varpi, T)}{\partial \varpi\, \partial T}\, \frac{d\varpi(T)}{dT} \right].$$

Cette égalité peut s'interpréter comme l'égalité (29). Si nous désignons par $C_2(p, T)$ la chaleur spécifique du liquide sous la pression constante p, à la température T, nous aurons, d'après les propriétés fondamentales du potentiel thermodynamique,

$$C_2(p, T) = -\, \frac{T}{E}\, \frac{\partial^2 \Psi'_2(p, T)}{\partial T^2}.$$

D'autre part, si nous désignons par $v_2(p, T)$ le volume spécifique du liquide sous la pression p, à la température T, nous avons

$$v_2(p, T) = \frac{\partial \Psi'_2(p, T)}{\partial p}.$$

L'égalité (31) peut donc encore s'écrire

$$(32) \qquad \gamma_2 = C_2(\varpi, T) - \frac{T}{E}\, \frac{\partial v_2(\varpi, T)}{\partial T}\, \frac{d\varpi(T)}{dT}.$$

Entre les deux quantités γ_1, γ_2, on peut établir une importante relation; en retranchant membre à membre l'égalité (29) et l'égalité (32), on trouve

$$\gamma_1 - \gamma_2 = -\, \frac{T}{E}\, \frac{d}{dT} \left[\frac{\partial \Psi'_1(\varpi, T)}{\partial T} - \frac{\partial \Psi'_2(\varpi, T)}{\partial T} \right];$$

Mais les propriétés fondamentales du potentiel thermodynamique donnent

$$S_1(\varpi, T) = -\frac{1}{E}\frac{\partial \Psi_1(\varpi, T)}{\partial T},$$

$$S_2(\varpi, T) = -\frac{1}{E}\frac{\partial \Psi_2(\varpi, T)}{\partial T}.$$

D'autre part, si l'on désigne par $L(T)$ la chaleur de vaporisation à la température T, on a

$$L(T) = T[S_2(\varpi, T) - S_1(\varpi, T)].$$

On a donc, tout calcul fait,

$$(33) \qquad \gamma_1 - \gamma_2 = T\frac{d}{dT}\left[\frac{L(T)}{T}\right].$$

Les relations que nous avons obtenues vont nous permettre d'étudier les deux quantités γ_1 et γ_2:

1° *A grande distance du point critique*;
2° *Au voisinage du point critique*.

1° *Aux températures très notablement inférieures au point critique*, la quantité $\frac{\partial c_2(\varpi, T)}{\partial T}$ est fort petite; on en connaît d'ailleurs avec précision, dans un grand nombre de cas, la valeur numérique; on peut donc déterminer la valeur numérique de la quantité

$$\frac{T}{E}\frac{\partial c_2(\varpi, T)}{\partial T}\frac{d\varpi(T)}{dT}.$$

On trouve que cette quantité est négligeable en comparaison de la quantité

$$C_2(\varpi, T).$$

L'égalité (32) devient donc

$$(34) \qquad \gamma_2 = C_2(\varpi, T).$$

Aux températures éloignées du point critique, la chaleur spécifique du liquide sous tension de vapeur saturée est sensiblement égale à la chaleur spécifique du liquide sous pression constante.

La quantité γ_2 est donc facile à déterminer pour les températures très éloignées du point critique ; proposons-nous maintenant de déterminer γ_1 pour ces mêmes températures.

En vertu de l'égalité (34), l'égalité (33) devient

$$(35) \qquad \gamma_1 = C_2(\varpi, T) + T \frac{d}{dT}\left[\frac{L(T)}{T}\right].$$

On voit alors que l'on pourra calculer γ_1 lorsque l'on connaîtra l'expression de la chaleur de vaporisation $L(T)$ en fonction de la température T.

Si l'on effectue ce calcul pour la vapeur d'eau, pour laquelle les recherches de Regnault ont fait connaître avec précision l'expression de $L(T)$, on arrive à ce résultat, fort inattendu au moment de sa découverte, que *la chaleur spécifique de la vapeur d'eau saturée est négative*. Voici, d'après la formule (35), la valeur numérique de cette chaleur spécifique à diverses températures :

Température : $\vartheta = T - 273°$.	Chaleur spécifique de la vapeur d'eau saturée.
$58,21$	$- 1,398$
$77,49$	$- 1,263$
$92,66$	$- 1,206$
$117,57$	$- 1,017$
$131,78$	$- 0,901$
$144,74$	$- 0,807$

Ce résultat n'est pas général ; voici en effet les nombres obtenus pour d'autres liquides :

Sulfure de carbone.

ϑ.	γ_1.
0	$- 0,184$
40	$- 0,171$
80	$- 0,164$
120	$- 0,163$
160	$0,157$

Acétone.

ϑ.	γ_1.
0	$- 0,158$
70	$- 0,065$
140	$- 0,047$

Éther.

θ.	γ_2.
0	+ 0,116
40	+ 0,120
80	+ 0,128
120	+ 0,133

Benzine.

θ.	γ_2.
0	— 0,155
70	— 0,038
140	+ 0,048
210	+ 0,014

Chloroforme.

θ.	γ_2.
0	— 0,107
40	— 0,017
80	+ 0,001
120	+ 0,050
160	+ 0,072

Chlorure de carbone CCl^4.

θ.	γ_2.
0	— 0,044
80	— 0,012
160	+ 0,006

Ainsi pour l'eau, le sulfure de carbone et l'acétone, la chaleur spécifique de la vapeur saturée est négative à toutes les températures étudiées ; pour l'éther, elle est positive ; enfin, pour la benzine, le chloroforme et le chlorure de carbone, elle est négative aux basses températures et positive aux températures plus élevées ; elle change de signe pour une certaine valeur de la température, spéciale à chacun de ces corps, et que l'on nomme *température d'inversion.*

2° Voyons maintenant ce que deviennent les quantités γ_1, γ_2 *aux températures voisines du point critique.*

Reprenons les égalités (29) et (31)

$$\gamma_1 = -\frac{T}{E}\left[\frac{\partial^2 \Psi'_1(\varpi, T)}{\partial T^2} + \frac{\partial^2 \Psi'_1(\varpi, T)}{\partial \varpi\, \partial T}\,\frac{d\varpi(T)}{dT}\right],$$

$$\gamma_2 = -\frac{T}{E}\left[\frac{\partial^2 \Psi'_2(\varpi, T)}{\partial T^2} + \frac{\partial^2 \Psi'_2(\varpi, T)}{\partial \varpi\, \partial T}\,\frac{d\varpi(T)}{dT}\right].$$

Admettons que, *lorsque la température et la pression tendent vers la température critique et la pression critique, les chaleurs spécifiques sous pression constante du liquide, de la vapeur et du gaz, tendent vers des limites finies ;* si nous supposons en outre, ce qui d'ailleurs n'est pas nécessaire pour ce qui va suivre, que ces limites soient toutes trois indépendantes du chemin par lequel le point (p, T) tend vers le point $(\mathfrak{P}, \Theta)$, ces trois limites seront égales entre elles.

Soient $C_2(p, T)$, $C_1(p, T)$, $C_3(p, T)$ ces trois chaleurs spécifiques. Nous aurons, d'après les propriétés générales du potentiel thermodynamique,

$$C_1(p, T) = -\frac{T}{E}\,\frac{\partial^2 \Psi'_1(p, T)}{\partial T^2},$$

$$C_2(p, T) = -\frac{T}{E}\,\frac{\partial^2 \Psi'_2(p, T)}{\partial T^2},$$

$$C_3(p, T) = -\frac{T}{E}\,\frac{\partial^2 \Psi'_3(p, T)}{\partial T^2}.$$

L'hypothèse précédente revient donc à celle-ci :

Le point critique $(\mathfrak{P}, \Theta)$ *n'est pas un infini de la quantité*

$$\frac{\partial^2 \Psi'(p, T)}{\partial T^2}.$$

D'autre part, nous savons que, lorsque la température tend vers la température critique, $\dfrac{d\varpi(T)}{dT}$ tend vers une limite positive et finie ; que les deux quantités

$$\frac{\partial^2 \Psi'_1(p, T)}{\partial p\, \partial T}, \qquad \frac{\partial^2 \Psi'_2(p, T)}{\partial p\, \partial T}$$

sont positives et croissent au delà de toute limite ; nous arrivons donc à cette conclusion :

Au voisinage du point critique, la chaleur spécifique de

vapeur saturée et la chaleur spécifique du liquide sous tension de vapeur saturée sont toutes deux négatives et leur valeur absolue croît au delà de toute limite.

Les corps que nous avons cités tout à l'heure ont été étudiés seulement à une assez grande distance de leur point critique. Ils ont, en général, une chaleur spécifique de vapeur saturée qui croît avec la température, si l'on prend les températures pour abscisses et les valeurs de γ pour ordonnées. Les nombres obtenus sont représentés par un arc AB (*fig.* 39) montant de gauche à droite

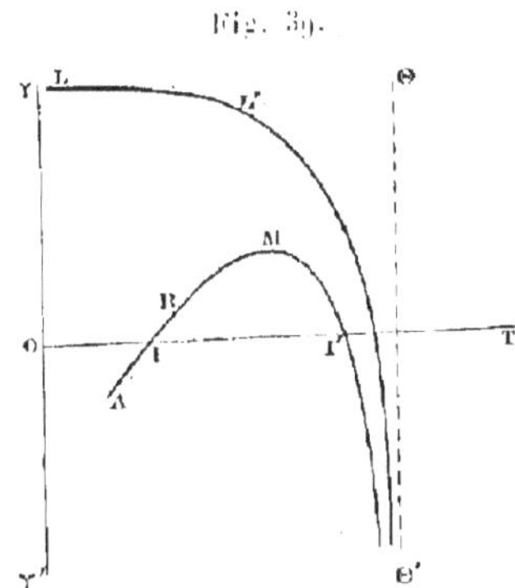

Fig. 39.

et rencontrant l'axe des températures au point d'inversion I pour les corps qui présentent un tel point.

Mais il n'en peut être indéfiniment ainsi. A partir d'une certaine température, l'arc de courbe doit commencer à descendre, et il doit s'abaisser indéfiniment lorsque la température tend vers le point critique. La courbe doit donc présenter un point M plus élevé que tous les autres. Dans le cas de la benzine, l'existence de ce point est mise en évidence par les nombres que nous avons cités, puisque γ_1, qui a pour valeur $+\,0,048$ à $140°$, n'a plus pour valeur que $+\,0,014$ à $210°$.

On voit de plus que si, aux températures inférieures au point critique, la quantité γ_1 a pris des valeurs positives, entre ces températures et le point critique lui-même, il se trouvera un point d'inversion I' où la valeur de γ_1, de positive qu'elle était, deviendra négative.

Aux températures fort inférieures au point critique, la chaleur spécifique γ_2 du liquide sous tension de vapeur saturée a une valeur qui varie peu avec T. Cette valeur est représentée par un arc de courbe LL′ qui s'éloigne peu d'une parallèle à OT. Mais, aux températures voisines du point critique, cette valeur décroît rapidement, devient négative et inférieure à toute quantité donnée.

La relation

$$(33) \qquad \gamma_1 - \gamma_2 = T \frac{d}{dT} \left[\frac{L(T)}{T} \right] = \frac{dL(T)}{dT} - \frac{L(T)}{T}$$

nous montre que γ_1 est toujours inférieur à γ_2, car $L(T)$ est toujours positif et $\frac{dL(T)}{dT}$ toujours négatif; au voisinage du point critique, $L(T)$ tend vers o ; $\frac{dL(T)}{dT}$ est toujours négatif et, comme nous l'avons vu, sa valeur absolue croît au delà de toute limite ; lors donc que la température tend vers le point critique, la différence $(\gamma_2 - \gamma_1)$, toujours positive, croît au delà de toute limite.

§ II. — Détente adiabatique d'une vapeur saturée sèche.

La considération du signe de la chaleur spécifique de la vapeur saturée a une importance capitale dans l'étude de la détente d'une vapeur saturée.

Imaginons un récipient de volume V qui renferme un liquide et de la vapeur saturée émise par ce liquide. La température est T; la pression est $\varpi(T)$; si m_1 est la masse de la vapeur et m_2 la masse du liquide, on a

$$V = m_1 v_1(\varpi, T) + m_2 v_2(\varpi, T).$$

On accroît le volume de ce récipient de dV en lui enlevant une quantité de chaleur dQ, et on demande de déterminer les phénomènes qui se produisent à l'intérieur de ce récipient, où la vapeur est astreinte à demeurer saturée.

Les quantités à déterminer sont évidemment, d'une part, l'accroissement de température dT du mélange; d'autre part, l'accroissement dm_2 de la masse du liquide, l'accroissement dm_1 de la masse de la vapeur étant dès lors, d'après l'égalité (25), connu et égal à $(- dm_2)$.

La quantité $d\mathrm{V}$ a pour valeur

$$(36) \quad \begin{cases} d\mathrm{V} = [v_2(\varpi,\ \mathrm{T}) - v_1(\varpi,\ \mathrm{T})]\, dm_2 \\ \qquad + m_1\left[\dfrac{\partial v_1(\varpi,\ \mathrm{T})}{\partial \mathrm{T}} + \dfrac{\partial v_1(\varpi,\ \mathrm{T})}{\partial \varpi}\dfrac{d\varpi}{d\mathrm{T}}\right] d\mathrm{T} \\ \qquad + m_2\left[\dfrac{\partial v_2(\varpi,\ \mathrm{T})}{\partial \mathrm{T}} + \dfrac{\partial v_2(\varpi,\ \mathrm{T})}{\partial \varpi}\dfrac{d\varpi}{d\mathrm{T}}\right] d\mathrm{T}. \end{cases}$$

A cette égalité, nous devrons joindre, pour déterminer dm_2 et $d\mathrm{T}$ en fonction de $d\mathrm{V}$ et $d\mathrm{Q}$, l'égalité suivante, qui résulte des égalités (25), (26), (29), (31),

$$(37) \quad \begin{cases} d\mathrm{Q} = -(m_1\gamma_1 + m_2\gamma_2)\, d\mathrm{T} \\ \qquad - \dfrac{\mathrm{T}}{\mathrm{E}}\left[\dfrac{\partial \Psi'_2(\varpi,\ \mathrm{T})}{\partial \mathrm{T}} - \dfrac{\partial \Psi'_1(\varpi,\ \mathrm{T})}{\partial \mathrm{T}}\right] dm_2. \end{cases}$$

Posons, pour abréger,

$$\frac{dv_1}{d\mathrm{T}} = \frac{\partial v_1(\varpi,\ \mathrm{T})}{\partial \mathrm{T}} + \frac{\partial v_1(\varpi,\ \mathrm{T})}{\partial \varpi}\frac{d\varpi}{d\mathrm{T}},$$

$$\frac{dv_2}{d\mathrm{T}} = \frac{\partial v_2(\varpi,\ \mathrm{T})}{\partial \mathrm{T}} + \frac{\partial v_2(\varpi,\ \mathrm{T})}{\partial \varpi}\frac{d\varpi}{d\mathrm{T}},$$

et l'égalité (36) deviendra

$$(38) \quad d\mathrm{V} = (v_2 - v_1)\, dm_2 + \left(m_1\frac{dv_1}{d\mathrm{T}} + m_2\frac{dv_2}{d\mathrm{T}}\right) d\mathrm{T}.$$

Observons que l'on a

$$\mathrm{S}_1(\varpi,\ \mathrm{T}) = -\frac{1}{\mathrm{E}}\frac{\partial \Psi'_1(\varpi,\ \mathrm{T})}{\partial \mathrm{T}},$$

$$\mathrm{S}_2(\varpi,\ \mathrm{T}) = -\frac{1}{\mathrm{E}}\frac{\partial \Psi'_2(\varpi,\ \mathrm{T})}{\partial \mathrm{T}},$$

$$\mathrm{L}(\mathrm{T}) = \mathrm{T}[\mathrm{S}_2(\varpi,\ \mathrm{T}) - \mathrm{S}_1(\varpi,\ \mathrm{T})],$$

et l'égalité (37) deviendra

$$(39) \quad d\mathrm{Q} = -(m_1\gamma_1 + m_2\gamma_2)\, d\mathrm{T} + \mathrm{L}\, dm_2.$$

Résolvons les deux égalités (38) et (39) par rapport aux inconnues $d\mathrm{T}$ et dm_2; posons, dans ce but,

$$(40) \quad \mathrm{K} = \left[\mathrm{L}\frac{dv_1}{d\mathrm{T}} - (v_1 - v_2)\gamma_1\right] m_1 + \left[\mathrm{L}\frac{dv_2}{d\mathrm{T}} - (v_1 - v_2)\gamma_2\right] m_2.$$

et nous aurons

$$(41)\quad\begin{cases} K\,dT = L\,dV + (v_1 - v_2)\,dQ, \\[2mm] K\,dm_2 = (m_1\gamma_1 + m_2\gamma_2)\,dV + \left(m_1\dfrac{dv_1}{dT} - m_2\dfrac{dv_2}{dT} \right)dQ. \end{cases}$$

L'expression de K, donnée par l'égalité (40), peut se transformer.

Les égalités

$$(16)\qquad L = \frac{T}{E}(v_1 - v_2)\frac{d\varpi}{dT},$$

$$(32)\qquad \gamma_2 = C_2(\varpi,\,T) - \frac{T}{E}\frac{\partial v_2(\varpi,\,T)}{\partial T}\frac{d\varpi}{dT},$$

$$(33)\qquad \gamma_1 - \gamma_2 = T\frac{d}{dT}\left(\frac{L}{T}\right),$$

permettent d'écrire

$$(42)\quad\begin{cases} K = \Bigg[\; (m_1 - m_2)\dfrac{T}{E}\left(\dfrac{\partial v_2}{\partial T} + \dfrac{dv_2}{dT}\right)\dfrac{d\varpi}{dT} \\[3mm] \qquad -(m_1 + m_2)C_2 - m_1(v_1 - v_2)\dfrac{T}{E}\dfrac{d^2\varpi}{dT^2} \Bigg](v_1 - v_2). \end{cases}$$

Nous ferons bientôt usage de ces égalités générales (41) et (42). Bornons-nous pour le moment au cas particulier suivant :

1° *La détente s'effectue adiabatiquement*, en sorte que

$$dQ = 0.$$

2° *La vapeur saturée est sèche*, c'est-à-dire qu'au début de la modification, le système ne renferme pas de liquide

$$m_2 = 0.$$

Dans ces conditions, dm_2 ne peut être que positif; si les équations précédentes fournissent pour dm_2 une valeur négative, cette valeur inacceptable nous avertira que l'une des hypothèses qui ont servi à établir ces équations, à savoir l'hypothèse que la vapeur demeure saturée, ne peut être conservée. En reprenant directement l'étude de cette vapeur, on verrait sans peine que, dans ce cas, la vapeur cesse d'être saturée par l'effet de la modification que l'on étudie, pour devenir *surchauffée*.

3° *La température est très éloignée du point critique; les* quantités

$$\frac{dc_2}{dT}, \quad \frac{dv_2}{dT}$$

ont alors de très petites valeurs.

Moyennant ces conditions, l'égalité (42) devient, en désignant par

$$M = m_1 + m_2 = m_1$$

la masse totale du système,

$$(43) \qquad K = - M(v_1 - v_2)\left[C_2 + \frac{T}{E}(v_1 - v_2)\frac{d^2\varpi}{dT^2} \right],$$

et les égalités (41) deviennent

$$(44) \qquad \begin{cases} K\,dT = L\,dV, \\ K\,dm_2 = M\gamma_1\,dV. \end{cases}$$

L'égalité (43) nous montre que K a une valeur négative.

La première des égalités (44) nous montre alors que dT est de signe contraire à dV : *Toute compression adiabatique élève la température du système, toute détente adiabatique l'abaisse.*

La seconde des égalités (44) nous montre que dm_2 est de signe contraire à dV si γ_1 est positif et de même signe que dV si γ_1 est négatif, ce qui entraîne les conclusions suivantes :

Si la chaleur spécifique de la vapeur saturée est positive, une compression adiabatique de la vapeur sèche entraîne une condensation partielle; une détente adiabatique produit la surchauffe.

Si la chaleur spécifique de la vapeur saturée est négative, une détente adiabatique de la vapeur saturée sèche détermine une condensation partielle; une compression adiabatique produit la surchauffe.

Ce n'est pas ici le lieu de décrire les vérifications expérimentales bien connues de ces propositions.

§ III. — Détente adiabatique d'une vapeur saturée humide.

Considérons maintenant la détente adiabatique, à une température éloignée du point critique, d'un système qui, initialement, ne renferme que du liquide. Nous avons alors

$$m_1 = 0.$$

La quantité dm_2 ne peut être positive. Si les équations (41) donnaient pour dm_2 une valeur positive, c'est que la pression supportée par le liquide ne serait plus la tension de vapeur saturée à la température de l'expérience, mais une pression plus grande.

Dans l'hypothèse où nous sommes placé, l'égalité (42) peut s'écrire

$$(45) \qquad \qquad K = - MC_2(v_1 - v_2).$$

Si nous remplaçons dm_2 par $(- dm_1)$ et si nous tenons compte de l'égalité (34), les égalités (41) deviendront

$$(46) \qquad \begin{cases} K\,dT = L\,dV, \\ K\,dm_1 = - MC_2\,dV. \end{cases}$$

L'égalité (45) nous apprend que K est négatif; les égalités (46) nous enseignent alors que dT est de signe contraire à dV et que dm_1 est de même signe que dV.

Ainsi, *à grande distance du point critique, si l'on détend un liquide soumis à la tension de vapeur saturée, on en abaisse la température et on en réduit une partie en vapeur.*

Après avoir envisagé les deux cas extrêmes de la détente adiabatique où le système ne renferme que de la vapeur saturée sèche ou que du liquide purgé de vapeur, nous allons étudier le cas général où le système renferme à la fois du liquide et de la vapeur.

L'étude de ce cas doit être précédée d'une remarque.

Si le système se composait d'une grande masse liquide en présence d'une grande masse de vapeur, il serait difficile que, durant une compression ou une détente adiabatique, les deux masses fussent à la même température, comme l'exige la théorie que nous exposons. Aussi cette théorie s'appliquerait-elle fort mal aux expériences faites sur de semblables systèmes. Mais la condition dont il s'agit sera beaucoup mieux réalisée si le liquide est suspendu sous forme de gouttelettes dans la vapeur, c'est-à-dire si la vapeur saturée est *humide*. C'est donc aux vapeurs saturées humides que s'appliquent les considérations suivantes.

Nous nous limiterons encore au cas où la température est très inférieure au point critique. Les quantités

$$\frac{dc_2}{dT}, \quad \frac{dv_2}{dT}$$

ayant, dans ce cas, des valeurs négligeables, nous pouvons écrire l'égalité (42) sous la forme

$$(47) \qquad K = -\left[(m_1 + m_2)C_2 + m_1(v_1 - v_2)\frac{T}{E}\frac{d^2\varpi}{dT^2}\right](v_1 - c_2).$$

Cette égalité (47) nous montre que K a, *en toutes circonstances, une valeur négative.*

Les équations (41) deviennent, en tenant compte de l'égalité (34),

$$(48) \qquad \begin{cases} K\,dT = L\,dV, \\ K\,dm_2 = (m_1\gamma_1 + m_2C_2)\,dV. \end{cases}$$

La première de ces égalités (48) nous enseigne que dT est toujours de signe contraire à dV : *toute compression adiabatique élève la température du système ; toute détente adiabatique l'abaisse.*

Pour discuter la deuxième égalité (48), nous distinguerons deux cas :

1° γ_1 *est positif.* — Dans ce cas, la deuxième égalité (48) nous montre que dm_2 est de signe contraire à dV.

Si la chaleur spécifique d'une vapeur saturée est positive et si l'on prend, à une grande distance du point critique, un système formé par cette vapeur saturée humide, toute compression adiabatique de ce système produit une condensation partielle de la vapeur et une élévation de température; toute détente adiabatique de ce système produit une vaporisation partielle du liquide et un abaissement de température.

2° γ_1 *est négatif.* — Dans ce cas, plus compliqué, donnons le nom de *degré d'humidité de la vapeur* au rapport

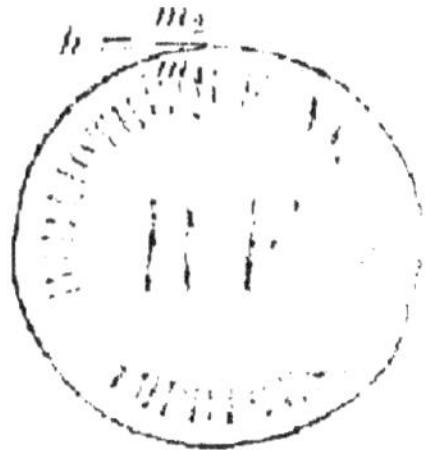

$$h = \frac{m_2}{m_1}$$

et de *degré limite d'humidité* à la quantité

$$l = -\frac{\gamma_1}{C_2}.$$

La quantité

$$m_1 \gamma_1 + m_2 C_2$$

est positive toutes les fois que l'on a

$$h > l,$$

et négative toutes les fois que l'on a

$$h < l.$$

Si l'humidité de la vapeur est supérieure à l'humidité limite, dm_2 est de signe contraire à dV ; l'inverse a lieu si l'humidité de la vapeur est inférieure à l'humidité limite. On est donc amené à la proposition suivante :

Prenons, à grande distance du point critique, une vapeur saturée humide ; supposons négative la chaleur spécifique de cette vapeur saturée ; une compression adiabatique de cette vapeur entraînera une liquéfaction partielle, et une détente adiabatique entraînera une vaporisation partielle, si l'humidité est supérieure à l'humidité limite ; si, au contraire, l'humidité est inférieure à l'humidité limite, une compression adiabatique entraînera une vaporisation partielle et une détente adiabatique entraînera une condensation partielle.

Tous les résultats établis dans ces deux derniers paragraphes l'ont été en faisant seulement l'approximation suivante :

Les quantités

$$\frac{T}{E}\frac{\partial v_2}{\partial T}\frac{d\varpi}{dT}, \qquad \frac{T}{E}\frac{dv_2}{dT}\frac{d\varpi}{dT}$$

sont négligeables, à grande distance du point critique, devant la chaleur spécifique sous pression constante C_2 du liquide.

Si, par une approximation un peu plus grossière, on néglige le volume spécifique v_2 du liquide devant le volume spécifique v_1 de la vapeur, on peut intégrer les formules de la détente adiabatique, comme l'a montré Clausius. Nous ne ferons pas ici ce calcul.

§ IV. — Phénomènes qui accompagnent la détente adiabatique au **voisinage** du point critique.

Les approximations précédentes ne sont légitimes que pour les températures très éloignées du point critique ; une étude entièrement générale de la détente adiabatique ne paraît pas pouvoir être faite sans l'emploi de données numériques empruntées à l'expérience ; mais, du moins, pouvons-nous prévoir ce qui se produit aux températures très peu inférieures au point critique, par l'effet de la détente ou de la compression adiabatique d'un système quelconque.

Reprenons l'expression générale de K donnée par l'égalité (42).

Au voisinage du point critique, les quantités

$$\frac{d\varpi}{dT}, \quad \frac{d^2\varpi}{dT^2}, \quad C_2$$

tendent vers des limites finies, d'après les hypothèses faites précédemment ; la quantité

$$v_1 - v_2$$

tend vers o ; les quantités

$$\frac{\partial v_2}{\partial T}, \quad \frac{dv_2}{dT}$$

sont positives et croissent au delà de toute limite. Donc, *au voisinage du point critique, la quantité* K *est positive et le rapport*

$$\frac{m_1 + m_2}{K} \frac{T}{E} (v_1 - v_2) \left(\frac{dv_2}{dT} + \frac{\partial v_2}{\partial T} \right) \frac{d\varpi}{dT}$$

tend vers l'unité lorsque la température T *tend vers le point critique* Θ.

Nous avons, en général,

$$L = \frac{T}{E} (v_1 - v_2) \frac{d\varpi}{dT}.$$

D'après les égalités (30) et (32), nous avons

$$m_1 \gamma_1 + m_2 \gamma_2 = m_1 C_1(\varpi, T) + m_2 C_2(\varpi, T) - \frac{T}{E} \left(m_1 \frac{\partial v_1}{\partial T} + m_2 \frac{\partial v_2}{\partial T} \right) \frac{d\varpi}{dT}.$$

Lorsque T tend vers le point critique Θ, les quantités

$$\frac{d\varpi}{dT}, \quad C_1(\varpi, T), \quad C_2(\varpi, T)$$

tendent vers des limites finies, d'après les hypothèses faites précédemment ; au contraire, les quantités $\frac{\partial v_1}{\partial T}$, $\frac{\partial v_2}{\partial T}$ sont positives et croissent au delà de toute limite. Le rapport

$$-\frac{\dfrac{T}{E}\left(m_1 \dfrac{\partial v_1}{\partial T} - m_2 \dfrac{\partial v_2}{\partial T}\right)\dfrac{d\varpi}{dT}}{m_1\gamma_1 - m_2\gamma_2}$$

tend vers l'unité.

Lors donc que la température T tend vers le point critique Θ, les équations générales de la détente adiabatique

$$K\,dT = L\,dV,$$
$$K\,dm_2 = (m_1\gamma_1 + m_2\gamma_2)\,dV$$

peuvent s'écrire

$$(49 \quad \begin{cases} M\left(\dfrac{\partial v_2}{\partial T} - \dfrac{dv_2}{dT}\right)dT = dV, \\[2ex] M(v_1 - v_2)\left(\dfrac{\partial v_2}{\partial T} + \dfrac{dv_2}{dT}\right)dm_2 = -\left(m_1\dfrac{\partial v_1}{\partial T} - m_2\dfrac{\partial v_2}{\partial T}\right)dV. \end{cases}$$

Lorsque T tend vers Θ, $(v_1 - v_2)$ tend vers o par valeurs positives ; les quantités

$$\frac{\partial v_1}{\partial T}, \quad \frac{\partial v_2}{\partial T}, \quad \frac{dv_2}{dT}$$

croissent au delà de toute limite, comme

$$\frac{1}{v_1 - v_2}.$$

Les égalités (49) conduisent donc aux conclusions suivantes :

Au voisinage du point critique, la compression adiabatique d'un système quelconque formé de liquide et de vapeur saturée produit la condensation d'une masse de vapeur du même ordre de grandeur que la diminution de volume et un abaissement de température infiniment petit par rapport à la diminution de volume ; la détente adiabatique produit la vapori-

sation d'une masse de liquide du même ordre de grandeur que l'augmentation de volume et une élévation de température infiniment petite par rapport à l'augmentation de volume.

Telles sont les propriétés bien remarquables d'une compression ou d'une détente adiabatique au voisinage du point critique. Nous insisterons tout particulièrement sur ce fait que, la quantité K étant *positive* au voisinage du point critique, une compression adiabatique *abaisse* la température du système et une détente adiabatique l'*élève*. C'est l'inverse de ce qui a lieu aux températures éloignées du point critique, où la quantité K est essentiellement négative.

§ V. — Historique.

Dans les Chapitres précédents, nous nous sommes attaché plutôt à relier entre eux, avec logique, des résultats déjà connus, qu'à acquérir des résultats nouveaux ; aussi, ne voulant revendiquer pour nous que la forme de l'exposition, nous avons laissé de côté toute étude historique ; comme nous pensons, au contraire, que le présent Chapitre complète en quelques points importants l'étude de la détente des vapeurs, nous terminerons en rappelant brièvement les principaux travaux dont cette étude a fait l'objet.

La notion de la *chaleur spécifique de vapeur saturée* a été introduite dans la Science par Clausius, en 1850, dans son impérissable Mémoire *sur la force motrice de la chaleur* ; il y donne la définition de cette quantité ; des deux principes de la Thermodynamique, il déduit (trad. Folie, p. 79) la relation

$$\gamma_1 = \gamma_2 - T \frac{d}{dT}\left(\frac{L}{T}\right);$$

admettant que γ_2 diffère peu de la chaleur spécifique du liquide sous pression constante, et faisant usage de la détermination de L obtenue par Regnault pour la vapeur d'eau, Clausius déduit de l'équation précédente la valeur de γ_1 ; il rencontre ce fait inattendu que, pour la vapeur d'eau, γ_1 est négatif.

« On doit donc conclure de là, dit-il (trad. Folie, p. 44), que la quantité donnée de vapeur se condense en partie bien plutôt dans la *dilatation* que dans la *compression*, tandis que, dans la compression, sa température croît dans un rapport plus grand que celui qui correspond à l'accroissement de densité, de sorte que celle-ci ne reste plus à son maximum.

» Ce résultat, à la vérité, est précisément l'opposé de l'hypothèse ordinaire que nous avons mentionnée plus haut, mais je ne pense pas qu'aucune expérience le contredise. Il concorde même mieux que cette hypothèse avec les observations que Pambour a faites sur la vapeur. Celui-ci a trouvé, en effet, que la vapeur qui sort d'une locomotive, après avoir effectué son travail, a toujours la température pour laquelle sa force élastique, observée en même temps, est un maximum. »

A peu près au moment où Clausius publiait son important Mémoire sur la Théorie mécanique de la chaleur, Rankine abordait le même sujet. Les deux Mémoires de Clausius et de Rankine furent lus le même mois (février 1850), l'un à l'Académie de Berlin, l'autre à la Société royale d'Édimbourg ([1]). Dans ce Mémoire, Rankine part de l'hypothèse que la chaleur consiste en un mouvement des molécules, et il en déduit des conséquences analogues à celles que Clausius avait déduites du premier principe de la Thermodynamique.

En particulier, Rankine y énonce que γ_1 est négatif; mais il ne donne pas l'équation d'où l'on peut déduire la valeur numérique de γ_1; car, pour établir cette équation, il est nécessaire de faire usage du second principe de la Thermodynamique, que Rankine ne connaissait pas alors et dont il ne traita que l'année suivante.

En 1856, dans son Mémoire *Sur l'application de la Théorie mécanique de la chaleur à la machine à vapeur* ([2]), Clausius complétait ses recherches en donnant les lois de la détente finie de la vapeur dans une enceinte imperméable à la chaleur.

Pour reconnaître, au moyen du signe de γ_1, si la vapeur doit se condenser pendant la compression ou, au contraire, pendant la détente, il est nécessaire de prouver que, dans l'un comme dans l'autre cas, la compression adiabatique entraîne une élévation de la température du système. Philipps ([3]) a montré que, dans les

---

([1]) *Transactions of the Royal Society of Edinburgh*, t. XX.

([2]) *Poggendorff's Annalen*, t. XCVII, p. 441 et 513.

([3]) Philipps, *Comptes rendus*, t. LXX, p. 548.

limites où l'on peut négliger le volume spécifique du liquide devant le volume spécifique de la vapeur, cette propriété était une conséquence des formules de Clausius.

Les relations

$$\gamma_1 = C_1 - \frac{T}{E} \frac{\partial v_1}{\partial T} \frac{d\varpi}{dT},$$

$$\gamma_2 = C_2 - \frac{T}{E} \frac{\partial v_2}{\partial T} \frac{d\varpi}{dT},$$

ont été données en 1865 par Clausius dans son Mémoire [1] *Sur les diverses formes des équations fondamentales de la Théorie mécanique de la chaleur, qui sont commodes dans l'application.*

Enfin, en 1863, Hirn [2] prouva expérimentalement la condensation de la vapeur d'eau dans la détente adiabatique.

L'ensemble de ces recherches a constitué d'une façon complète l'étude de la détente adiabatique des vapeurs saturées aux températures éloignées du point critique. Aussi éprouve-t-on quelque étonnement en lisant, dans un Traité récent de Thermodynamique, la phrase suivante [3] :

« Si, au lieu de comprimer ou de détendre la vapeur à titre constant, on opère la compression ou la détente adiabatiquement, le titre est variable; on a dit avec Clausius que c'était encore le signe de γ_1 qui réglait le sens du phénomène. Cette extension n'est pas évidente et même elle n'est pas justifiée. »

L'auteur de ce Traité, M. Lippmann, a repris pour son compte la théorie de la détente des vapeurs. Il a retrouvé, pour les vapeurs prises à une température éloignée du point critique, les résultats énoncés par Clausius et déjà si complètement justifiés par Clausius et par Philipps.

M. Lippmann applique aussi son analyse aux températures voisines de la vaporisation totale, et il est conduit à la conclusion suivante [4].

---

[1] *Traduction Folie*, t. I, p. 404.

[2] HIRN, *Cosmos*, 10 avril 1863.

[3] LIPPMANN, *Cours de Thermodynamique*, p. 172.

[4] LIPPMANN, *Ibid.*, p. 176.

« Ainsi, pour toutes les vapeurs au voisinage de leur point critique, la détente produit un abaissement de température et, par suite, une condensation partielle. Cette conséquence est entièrement d'accord avec l'expérience. »

Je ne connais aucune expérience confirmant cette proposition, qui est précisément l'opposé de celle que fournit la théorie exposée au paragraphe précédent. Il n'est d'ailleurs pas difficile de reconnaître le point faible du raisonnement sur lequel repose la conclusion de M. Lippmann :

« A une température voisine de ce point critique, dit cet auteur [1], le terme $\gamma_1 (v_1 - v_2)$ est négligeable vis-à-vis de $L \dfrac{dv_1}{dT}$. »

Si l'on observe que, au voisinage du point critique, les quantités $(v_1 - v_2)$ et L sont des quantités infiniment petites de même ordre, et que les quantités γ_1 et $\dfrac{dv_1}{dT}$ sont des quantités négatives et infinies de même ordre en valeur absolue, on reconnaîtra sans peine ce que l'assertion précédente a d'inexact.

Au moment (1er semestre de l'année scolaire 1888-1889) où nous exposions à la Faculté des Sciences de Lille la théorie précédente, M. E. Mathias [2] poursuivait des recherches aussi ingénieuses que précises *Sur la chaleur de vaporisation des gaz liquéfiés*.

L'étude de l'acide carbonique et du protoxyde d'azote lui permit de prouver expérimentalement cette proposition :

« Au point critique..., la tangente à la courbe $L = f(T)$ est perpendiculaire à l'axe des abscisses. »

De ce résultat fondamental, M. E. Mathias pense pouvoir déduire cet autre :

« Au voisinage du point critique, la chaleur spécifique de vapeur saturée est négative et croît indéfiniment en valeur absolue. »

Malgré l'exactitude de cette proposition et des considérations sur la variation de la chaleur spécifique de vapeur saturée que

---

[1] LIPPMANN, *Cours de Thermodynamique*, p. 176.

[2] E. MATHIAS, *Sur la chaleur de vaporisation des gaz liquéfiés* (*Annales de Chimie et de Physique*, 6ᵉ série, t. XXI, p. 69; 1890).

M. Mathias y a jointes, nous ne saurions nous contenter du raisonnement qui lui a servi à l'établir.

M. Mathias ([1]) part de la relation

$$\gamma_1 - \gamma_2 = \frac{dL}{dT} - \frac{L}{T},$$

et, de ce que $\frac{dL}{dT}$ est négatif et infini en valeur absolue au point critique, il en conclut qu'il en est de même de γ_1. Ce raisonnement serait irréprochable si γ_2 demeurait fini au voisinage du point critique; mais nous avons vu, au contraire, que, au voisinage du point critique, γ_2 était, comme γ_1, négatif et infini en valeur absolue. Cette remarque n'a d'ailleurs nullement pour but d'amoindrir le travail de M. E. Mathias, dont nul plus que nous ne reconnaît l'importance.

Nous espérons que le présent travail aura atteint le but que nous nous proposions : mettre nettement en évidence l'enchaînement logique dont la théorie des vapeurs est susceptible. Peut-être le lecteur aura-t-il été frappé du grand nombre d'hypothèses que nous avons dû invoquer. Nous avons cherché à n'en pas faire d'inutiles; mais nous avons cherché aussi et surtout à n'en dissimuler aucune. Nous pensons que le soin avec lequel certains physiciens enveloppent ou passent sous silence les hypothèses qu'ils admettent est un grand obstacle au développement de la Physique théorique.

([1]) E. MATHIAS, *loc. cit.*, p. 136.

17176   Paris. — Impr. GAUTHIER-VILLARS ET FILS, quai des Grands-Augustins, 55.